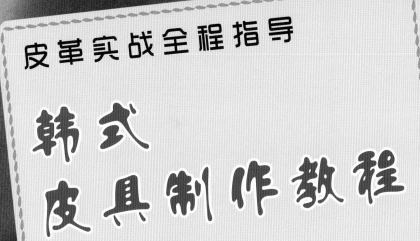

皮革实战全程指导

韩式
皮具制作教程

附赠作品原大纸型 　　　洪正基 著 边铀铀 译

U0293340

河南科学技术出版社
·郑州·

著作权合同登记号：图字16—2014—239

说明：

1. 本书皮革工艺用语与该领域通用语有所不同。

2. 本书材料和工具名称在各厂家有所不同。

3. 本书记载内容为作者长期实践总结所得，非经同意，不得以任何形式任意重制和转载。

4. 本书附带的作品和纸型图案只能用于个人学习和作业。

图书在版编目（CIP）数据

韩式皮具制作教程：皮革实战全程指导 /（韩）洪正基著；边铀铀译. — 郑州：
河南科学技术出版社，2014.10

ISBN 978-7-5349-7294-2

Ⅰ.①韩… Ⅱ.①洪… ②边… Ⅲ.①皮革制品—制作—教材 Ⅳ.①TS56

中国版本图书馆CIP数据核字（2014）第204541号

出版发行：河南科学技术出版社
　　　　　地址：郑州市经五路66号　邮编：450002
　　　　　电话：（0371）65737028　65788633
　　　　　网址：www.hnstp.cn
责任编辑：冯　英
责任校对：王永华
责任印制：张艳芳
印　　刷：河南新达彩印有限公司
经　　销：全国新华书店
幅面尺寸：210 mm×285 mm　印张：13.5　字数：350千字
版　　次：2014年10月第1版　2014年10月第1次印刷
定　　价：68.00元

如发现印、装质量问题，影响阅读，请与出版社联系。

皮革实战全程指导

——韩式皮具制作教程

Leather Crafting

序

皮革工艺是指利用各种皮革制作艺术性或实用性物品的行为。近代以来，皮革工艺逐渐向皮革上印制条纹或加工染色，以及用皮革制作钥匙链、钱包、手提包等实用性物品的工艺方向发展。

我们周围有许多用皮革做成的物品，比如钱包、鞋、手套等。如果亲自动手做出这些物品，你就会被皮革的魅力所吸引。

本书是作者将数年间经营皮革工坊的心得和技巧总结出来，为初学者编写的皮革工艺教科书。本书由以下几部分构成：理论篇：皮革的理解以及工具和材料的说明；基础篇： 皮革工艺的基本操作。中级篇·上：复杂的制作过程。中级篇·下：流行的染色操作。高级篇：制作托特包和结扣手提包等作品。此外，还为读者展示了适合各个阶段学习制作的作品集。编写这本书的时候我总在想"是否还有遗漏的部分？"我真挚地希望通过这本书，能够让大家感受到皮革工艺带来的魅力。

最后，我要由衷感谢我的妻子庆熙、花美男镇英、万人迷秀缤，还有我的母亲、不顾寒冷陪我工作到深夜的编辑李正云室长、摄影师赵美善老师、勋英、成国兄长、荣一以及所有关心支持我的人，谢谢你们。

洪正基
2013 年春天

Contents

目录

Contents

Contents

Contents

第一章

理论篇

1. 皮革工艺的历史

人类最开始使用皮革是为了保护身体。专家推测，随着定居生活的到来，人类将脂肪油涂擦在打猎和畜牧得来的动物皮上是油性鞣皮的最初原型。

古代东西方畜牧和农耕的发达程度不同，皮革的发展历史也不尽相同。公元前 6000 年左右，在埃及的壁画上可以看到西方的皮革踪影，当时畜牧业相对发达，西方人很容易得到皮革，尤其在贵族阶层，人们通过华丽的皮革饰物、鞋子、鞭子、袖章、头巾来显示身份和地位；而从罗马士兵的铠甲、剑鞘、盾牌等与战争有关的装备上也可以窥见一斑。

到了中世纪，人类用羊皮纸造书，将皮革与艺术联系到了一起。到了现代，通过艺术形式发展过来的皮革文化和产业，开始以意大利为中心广泛传播开来。

东方的皮革历史由于受农耕生活的影响发展相对缓慢，在当时过着游牧生活的部族影响下，逐渐在蒙古和中国发展起来，并在三国时代（公元前 57 年到公元 668 年）后期传至日本。

韩国的皮革历史追溯到以前的话，主要以制作皮革鞋子、铠甲、箭筒等物品为特点，并逐渐深入发展，后来，独具一格地加入涂漆工艺，做出来的皮革轻便并且质优。比如，有名的历史遗物第 747 号——义兵将领崔文炳的鞍子，皮革上涂了 20 遍以上的染料，并进一步加入了皮条编织，结实耐用。另外，从三国时代到朝鲜王朝（公元 1392 年到 1910 年）时期，从铠甲、马鞍等物品也能感受到皮革在韩国历史发展中的作用。

到了近代，非常有实用性质的皮革工艺应运而生，并且一直为人们所用。

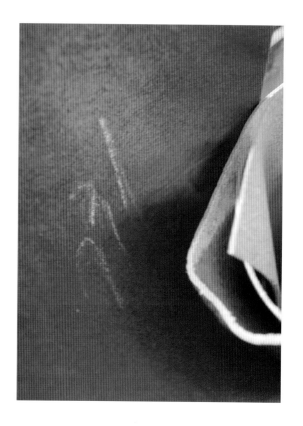

2. 皮革工艺的发展趋势

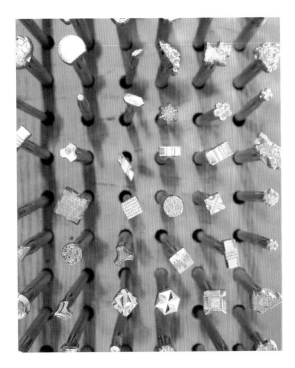

如今，通过网络上的爱好者俱乐部等平台，对皮革工艺感兴趣的人越来越多，更有人将此作为职业，开办了一个又一个皮革作坊。

用相对小的空间和低的成本便可以凭借皮革工艺创业，挑选染制品、裁制品、半成品、成品等自己感兴趣的领域将事业做大做强。

最近，很多人选择咖啡店、工坊屋、专业卖场等店中店(shop in shop)的形式创业，还有人开办了教育培训性质的手工作坊。

3. 皮革种类

根据原皮对皮革分类的话，有兽皮和毛皮两种。大型动物（牛、马等）的皮叫做兽皮，小型动物（牛犊、羔羊、山羊等）的皮叫做毛皮。

根据动物种类可将皮革分为牛皮、猪皮、马皮、羊皮等，也有蛇皮、鳄鱼皮、蜥蜴皮、鸵鸟皮、鲨鱼皮等特殊种类的皮。

根据制革法分类的话，有植物鞣皮革、铬鞣皮革、油性皮革等。

（1）根据制革法分类
1）植物鞣皮革（vegetable tanning）

利用植物的果实或茎、皮等植物性鞣酸成分制出的皮革，可塑性和加工性优良，是皮革工艺中最常使用的皮革。这种皮革无需特别加工，是一种环保型的材料，时间久了会自然变色，但特性不变。产自意大利的皮革一直受到皮革专业人士的厚爱。

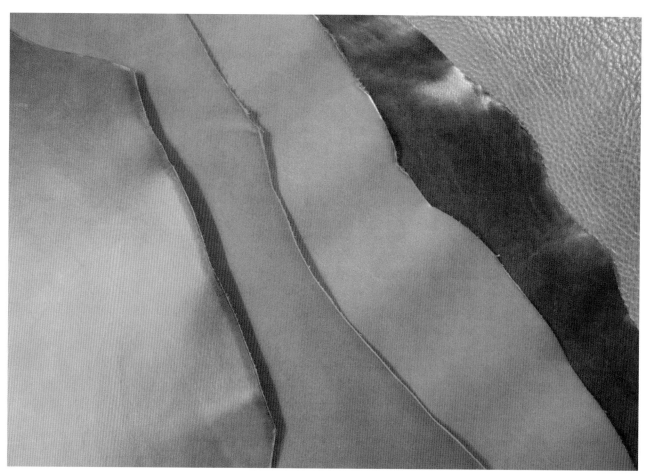

植物鞣皮革

铬鞣皮革

2）铬鞣皮革（chrome tanning）

制革时间短，颜色和条纹多种多样，皮革制品中被广泛使用。

3）油性皮革（oil tanning）

用鱼油或脂肪油浸透制成，柔软，防水性好。

（2）根据动物种类分类

1）牛皮

牛皮质地细致结实，面积较大，经常用于制作提包等物品，也常用于制作衣物和沙发等家具。

牛犊皮（calf skin）：出生未满 6 个月的牛犊皮，毛孔纤细，皮面柔软润泽，面积较小，适用于小物件或皮鞋等制品。

幼牛皮（kip skin）：出生 6 个月到 2 年的小牛皮，皮厚结实，质地良好，适用于高级制品。

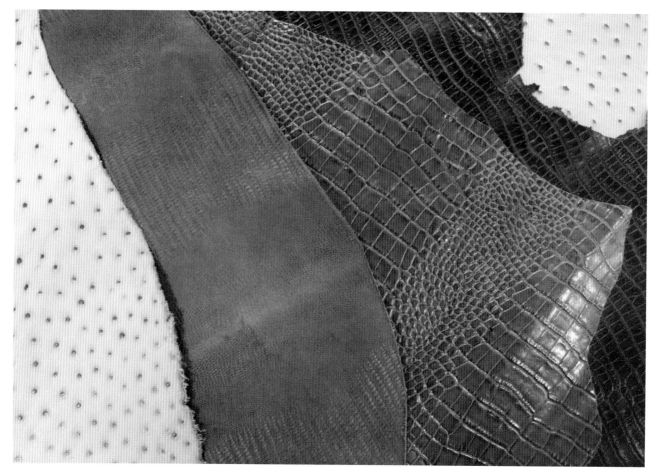

加工成各式花纹的牛皮

阉牛皮（steer hide）：被阉割的公牛皮，毛孔粗大，结实耐用，易于加工。主要用于制作钱包、皮带、运动鞋、棒球手套等耐磨要求高的物品。

母牛皮（cow hide）：生长2年以上且怀孕次数较少的母牛皮，皮厚结实，植物鞣制革方式下用于制作书包或皮带等，铬鞣加工方式下用于制作手提包或皮鞋等。

2）绵羊（羔羊）皮

羊的栖息地不同，羊皮质量也不同。一般分为使用皮面的毛进行加工的毛用型羊皮（wool type）和去除皮面的毛进行加工的非毛用型羊皮（hair type）。皮革工艺中使用较多的是非毛用型羊皮。

羊皮手感较为柔软，防风和隔热效果较好，可用于制作手套或衣服等防寒用品。出生未满1年的羊叫羔羊（lamb），1年以上的叫绵羊（sheep）。

羔羊皮（lamb skin）：皮层较薄，强度较弱，不太耐用，但是手感柔软的特点得到很多人的青睐。

加工成各式花纹的羊皮

绵羊皮（sheep skin）：耐磨程度和强度都不如牛皮，但是里外柔软，手感较好。

3）猪皮

猪皮的特点是一个毛孔中有三根毛，毛孔粗大。相比牛皮来讲，强度较弱，但延展性较好，价格低廉，常用于包包的内料。韩国的猪肉一般依赖进口，猪皮大多用于食用，日本对猪皮加工时会在皮面印上鸵鸟皮、鳄鱼皮、蛇皮的花纹，以此提高猪皮价值。

4）山羊皮

山羊皮的特点是皮面上有皱褶条纹。皮层较薄，手感柔软，经久耐用，常用于制作手套和高级包包等。

加工成各式花纹的猪皮

5）马皮

马臀部的马股子皮纹理细致，光滑圆润，很受人们欢迎。马皮属于高级皮革，一般用来制作高级皮鞋、钱包、手提包等用品。日本孩子们背的书包便是用马皮做成的。

6）鳄鱼皮

鳄鱼皮一直以来都是高级皮革的代名词，常用于制作手提包、手表带、皮带等。大致上分为短吻鳄皮、美洲鳄皮、凯门鳄皮三种，凯门鳄皮皮质较硬，耐久性较差，使用率较低。

7）蜥蜴皮

爪哇岛蜥蜴皮是爬虫类皮革中最有名的，这类皮革较薄，强度较弱，一般粘贴在其他种类的皮革上使用，面积较小，用于制作钱包或其他小型用品。

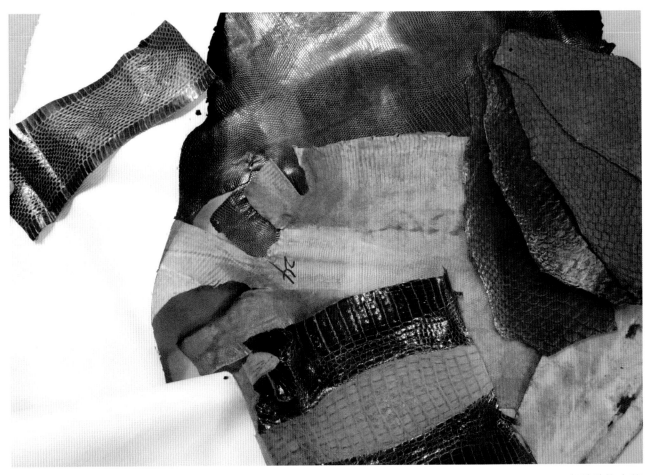

各种动物皮革

8）蛇皮

蛇皮较轻，花纹华丽，质感良好，受到很多人欢迎。蛇皮较薄，一般粘贴在其他皮革上或用做补强材料。

（3）皮革保存方法

天然皮革虽然无法像人造皮革一样干净，皮面上留有皱褶、筋、伤口或是被害虫噬咬的各种痕迹，但是这些痕迹却给予了天然皮革独特的魅力。

保存皮革时，将皮面朝内卷起，避免光线直射，放在通风的地方。需要长时间保存时，用干燥的纸包裹皮革，但应注意避免使用报纸或沾有墨迹的纸，以免被污染。

4. 皮革工艺的工具和材料

（1）纸型制作和皮革剪裁工具

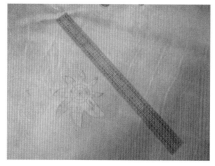

软直尺

柔韧性好，用来画线。

圆形尺·云形尺

用来描画圆、椭圆、曲线。

钢尺·直角尺

钢尺主要用于剪裁，直角尺在纸型制作时用来画直角。

皮带裁切尺

用于制作皮带和束带，通过各尺寸中间的小孔可画出皮带眼儿。

美工刀

两面均有刀刃，便于裁切，可用来裁切纸型和皮革。

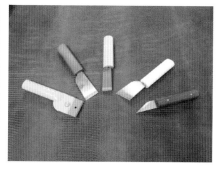

裁刀

适用于裁切厚皮革，刀刃钝化时，用磨刀石磨刀使之锋利。

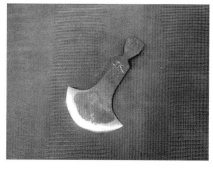

半月刀

半圆形的刀刃，用于裁切、削薄皮革轮廓。

圆形裁刀

用来把纸型和皮革裁切为圆形。

滚轮裁刀

用来裁切质地柔软的皮革。

剪刀

有纱剪、裁切剪刀等，用于针线活收尾作业或是包包里子作业。

镇尺

作业时用来固定纸型和皮革，有圆形和手把儿形，越重效果越好。

银笔

皮革标记专用笔，依据皮革的样式、质地区分使用。

铁笔·锥子·标记刀

皮革标记专用工具。标记刀也用于局部削薄。

边线器（creaser）

用于在皮革面上划出基准线或者装饰线。

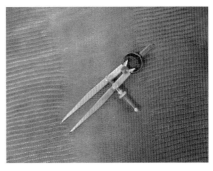

间距规

和边线器的用途类似，当边线器划线效果不好时或者划圆时更常用间距规。

PVC 剪裁板

主要用于皮革的剪裁和打孔，比橡胶板经久耐用。

缓冲板

有塑料缓冲板和再生软质缓冲板，主要用于圆形冲孔作业。

圆錾

在皮革上钻出缝合孔的圆孔工具。

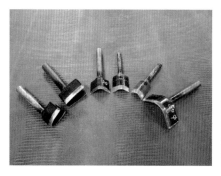

拐角錾

每个上面都标有半径，制作装饰物或包包的拐角部位时使用。

半圆錾

1/2 圆錾，每个半径不同。

皮带錾

主要用于制作皮带环扣和包包的束带。

一字錾

刀刃呈一字形，主要用于固定金属装饰或者裁切皮革里子。

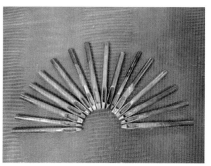

花錾

有心形等各式形状，可用于在包包或者小物件上刻印花纹。

削薄刀

根据需要可将皮革削薄。

附注：工具保存方法

大部分皮革工艺工具是金属材质，长时间不用或者潮湿的夏季容易使工具生锈。夏季使用后，应该清理掉工具上的汗渍防止生锈；对于长时间不用的工具，用干布擦净后抹上缝纫机油放在工具架上保管。像皮革刀或菱形锥等末端锋利的工具，用皮套装起来或插进红酒瓶盖保管。

（2）皮革贴合及加工工具和材料

白乳胶

最常用的皮革贴合剂，但容易发硬凝结，不适用于皮革工艺中细节部分的处理。

橡皮胶

主要用于制作包包，不易变干，适用于长时间作业。

速干透明胶·速干胶

有迅速变干的效果，适于局部贴合作业和收尾作业。

万能胶

主要用于局部贴合及收尾作业，变干后贴合部位容易开胶。

上胶片

用于抹胶和去胶，根据涂抹面积的大小分别使用不用尺寸的上胶片。

胶刷

防止涂抹贴合剂时凝结成团，用后须浸泡于溶剂或用稀释剂清洗。

去胶片

用于清洁粘在皮革和上胶片上的贴合剂。

双面胶带

包包专用双面胶，与一般文具用胶强度不同，用于贴合皮革面和临时固定。

纸胶带

用于临时固定皮革或金属装饰物。

錾子

用于在皮革上打孔。

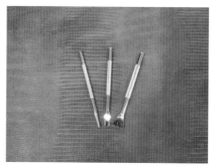

平錾

刀刃呈一字形，在皮革上钻出长方形缝孔的工具。

菱形锥·弯锥

用来穿透皮革钻出缝孔，其中弯锥用于更厚的皮革。

木锤

一般用于辅助打孔。

橡胶锤

主要在固定金属装饰物时使用。

小铁锤

用于敲打针线活的表面。

聚氨酯锤

在进行幅度较大的打孔作业时用来固定工具。

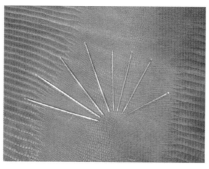

圆针

皮革工艺中代表性的针线工具，末端呈圆形，也可将末端磨尖使用。

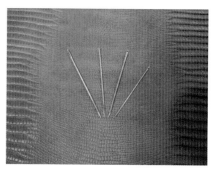

三角针

末端呈三角形，尖锐锋利，用于穿针引线。

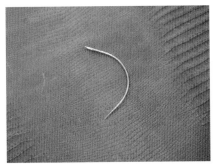

弯针

用于像钩针一样的针线活。

合成线

含有尼龙、聚酯纤维等成分，粗细固定，色泽光亮，价格低廉。

苎麻线

含蜡的成分，有 3 缕线、4 缕线、6 缕线之分，可以拆开使用。

亚麻线

容易起毛，粗细不固定，用它缝出的线条显得自然。

牛筋线

用动物肌腱做成的天然缝线，后来以化学纤维材质取代，不需涂蜡，不会起毛。

线蜡

用于给线上蜡，防止缝线时出现起毛、松脱现象。

手缝夹皮器

用于把作品固定住，使操作者的两只手专注于缝制工作。

锤砧

用于固定金属装饰物。

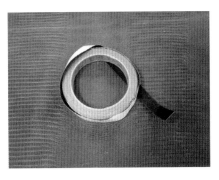

补强胶带

用于在皮革上贴合金属装饰物或增强束带的贴合度。

（3）皮革工艺收尾阶段使用的工具和材料（其他工具和材料）

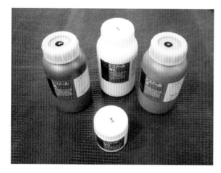

Toconol（床面处理剂的一种）

用于涂抹植物鞣皮革的边缘和反面。

CMC（床面处理剂的一种）

白色粉末状物质，加水后变成透明的黏液，用于涂抹皮革的边缘和反面。

Edge coat（亮光边油）

呈液体状，用于涂抹皮革的边缘，分无光和有光两种。

木制修边器

用于对皮革进行加压修磨。

玻璃板

边缘圆滑，可将皮革反面压实。

削皮器

用于削薄皮革。

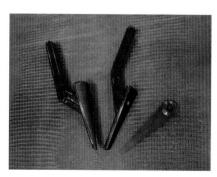

曲面研磨器·平面研磨器·小型研磨器

带把手，使用起来很方便。

滚轮

与玻璃板有相同的作用。

分离片

用于分离贴合的两块皮革。

削边器

修饰打磨毛糙的皮革边缘，使皮革看起来更有质感。

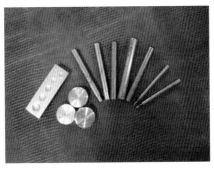

万用环状台·各种安装工具

在皮革上固定金属装饰物的工具。

点式磁铁錾

在皮革上固定磁石装置的工具。

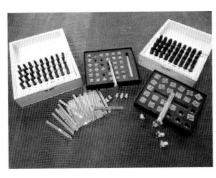

字板

在皮革上洒水后用小锤打字的工具。

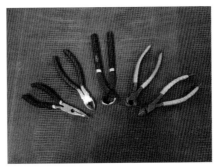

45° 尖嘴钳·钢丝钳·圆口钳

用于在皮革上固定金属装饰物或制作拉链，也用于在厚皮革上穿针引线。

牛角油

制作包包时使用，涂抹在皮革表面显得柔软光滑。

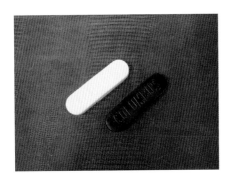

磨边蜡

涂抹在皮革边缘后有圆滑光亮的效果。

（4）皮革染色用工具和材料

条纹工具

主要用于染色和打印作业。

花纹工具

用途同前。

印花工具

用途同前。

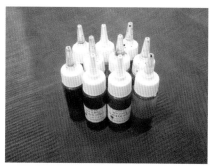

染色剂

分水性和油性两种。

木蜡·白蜡

木蜡是漆树中提取的植物性防染剂的一种，呈淡褐色；白蜡是木蜡的提纯物。

复古染料

染色剂的一种，裁切完涂抹可以呈现阴影效果。

快速防染剂

使皮革表面形成一层膜防止被染色。

5. 皮革工艺过程和基本作业用语

（1）设计

皮革工艺的设计是指综合审美、实用、效果来进行纸型制作前的材料搜集、描绘等。

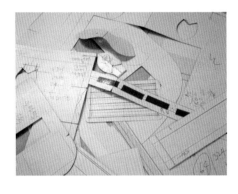

（2）纸型制作

皮革工艺中的纸型制作相当于建筑行业的设计图，可在厚方格纸上制图，也可通过 AutoCAD、Illustrator 制作。纸型剪裁也是很重要的一步，对称曲线可将纸型折半剪裁。

（3）皮革剪裁

1）裁切

裁切是指对纸型或皮革加以剪切，通常以直角剪切。

2）钻孔

钻孔是指用圆錾在皮革面上冲孔，通常錾和皮革面呈直角钻孔。

3）削薄

削薄是指根据需要对皮革的局部或整体进行打薄处理，局部削薄可用裁刀、削薄刀或专门的削皮器，整体削薄可交给专门削薄的店铺。

裁切　　　　　　　　　　　　打孔　　　　　　　　　　　　削薄

（4）皮革染色

1）染色

皮革工艺中常用的染色剂分水性和油性两种，用水或酒精稀释后使用，油性染色剂难以清洗，所以最好戴上手套作业，一般内层戴塑料手套，外层加戴线手套。

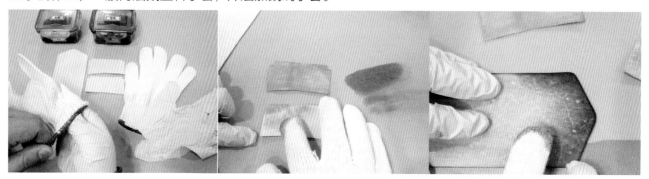

染色过程 1　　　　　　　　　　染色过程 2　　　　　　　　　　染色过程 3

2）打印

打印是指用条纹工具或花纹工具在皮革表面打印上纹路的基本技巧，需先用喷雾器在皮革面上喷水。

打印过程 1　　　　　　　　　　打印过程 2　　　　　　　　　　打印过程 3

（5）皮革贴合

1）对贴

对贴指在皮革面上涂抹橡皮胶，正反面均涂上薄薄的一层，再充分晾一下，贴合上即可。

2）划线

划线指划一条顺着皮革走的装饰线或基准线，划圆时一般使用间距规。

用边线器划出装饰线　　　　　　用边线器划出基准线　　　　　　用间距规划出冲孔位置

3）打孔

一般在皮革转弯或有弧度的地方用双錾打孔，直线部分用四錾或六錾打孔，作业时保持錾子与皮革垂直。

直线打孔　　　　　　　　曲线打孔

4）上蜡

将线放在线蜡上磨蹭1到2次，线的两端要磨蹭3到4次，以保证线不分叉。

上蜡示意图　　　　　　线的末端需多磨几下

5）缝线

一般选用斜线方式缝制的起头回针缝法，部分情况下选用拱针缝法。

平缝　　　　　　　　　　　　起头回针　　　　　　　　　　拱针

（6）刨削边角与打磨上油

1）削皮·研磨

一般使用研磨器对皮革贴合后的边缘进行研磨处理，有时也会使用削皮器，这时皮革粉末较多，需保证良好的通风。

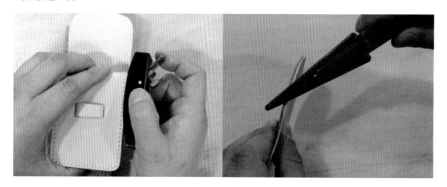

削皮　　　　　　　　　　研磨

2）边角处理——削边器

削边器的末端呈 V 字形凹槽，可将边缘修饰平顺，削边器型号不同，凹槽宽度也不同。

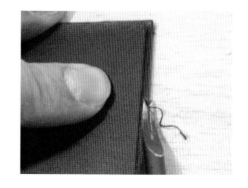

3）上油

① 使用亮光边油

皮革边缘修饰完后，涂上打底涂料（床面处理剂），充分晾干，再用专用工具或者棉签、海绵涂抹亮光边油。

修磨边缘至平滑　　　　　　涂抹床面处理剂　　　　　　涂抹亮光边油

② 使用 Toconol 和 CMC 床面处理剂

在处理完的皮革面及边缘分别涂抹床面处理剂，再用木制修边器打磨边缘。

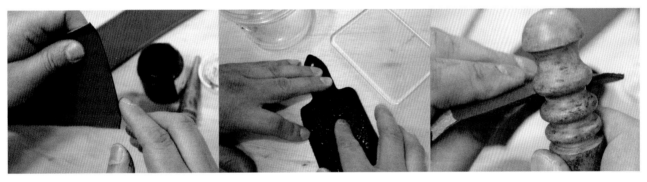

使用 Toconol 处理边缘　　　使用 CMC 处理皮革反面　　　使用木制修边器打磨至抛光

第二章

基础篇

第一课
三角形零钱包

材料和工具：铅笔、间距规、方格纸、钢尺、活芯铅笔、圆形尺、美工刀、圆錾（4mm，2.5mm）、牛皮、镇尺、木锤、银笔、边线器、研磨器、CMC、上油器、亮光边油、四合扣（10mm）、冲纽器（10mm）、木制修边器、分离棒、万用环状台、锤子、链条、平钳

主题：讲授纸型制作和皮革裁切的基本知识，同时理解四合扣的结构和作业过程。

1. 设计和纸型制作

① 依据使用材料、设计主题以及作品用途描绘原型。

② 用间距规在方格纸上绘出半径 4.5cm 的圆。

③ 以第一个圆最底端的点为中心，再用间距规绘出半径 4.5cm 的第二个圆。

④ 连接两圆交点为一条直线，再将直线左右端点分别与第一个圆最上端的顶点连成一条直线，这样，就完成了第一个正三角形。

⑤ 以正三角形上端顶点为起点，向左画出与底边平行并且等长的直线。

⑥ 连接直线左端点和第一个正三角形的左端顶点为一条直线，这样，就完成了另外一个倒正三角形。用相同的方法共画出 4 个正三角形。（须考虑纸型大小）

⑦ 使用圆形尺上直径为 3cm 的圆在三角形的左上角和右下角分别画出两条曲线。

⑧ 靠着钢尺，使用美工刀将直线部分裁去。

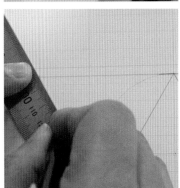
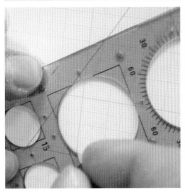
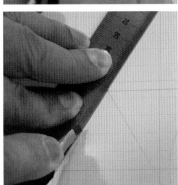

⑨ 用美工刀刀刃慢慢把曲线部分裁出。

⑩ 标注四合扣安装位置。

⑪ 在上步标注位置处用4mm圆錾打孔。

纸型制作示意图

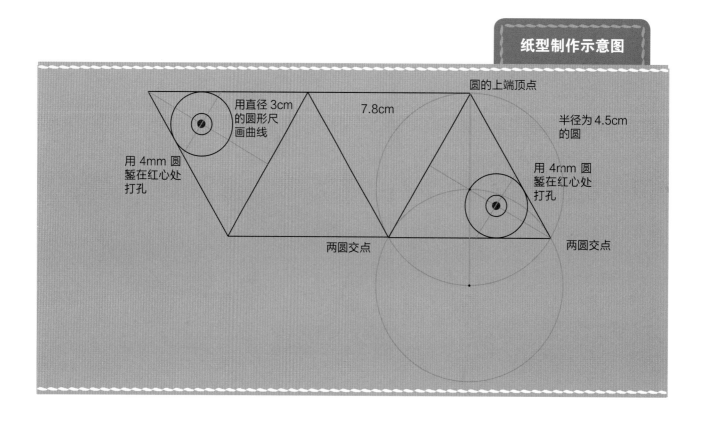

用直径 3cm 的圆形尺画曲线

7.8cm

圆的上端顶点

半径为4.5cm 的圆

用 4mm 圆錾在红心处打孔

用 4mm 圆錾在红心处打孔

两圆交点

两圆交点

2. 皮革裁切和上油

① 将做好的纸型放在皮革上面，镇尺固定后，用银笔描绘版型，银笔也可用铁笔或圆锥代替。

② 使用美工刀顺着银笔线裁切。

③ 靠着钢尺，调整边线器间隔为 3mm。

④ 将边线器抵着皮革的边，往内侧划出 3mm 的基准线，有时候因为皮革质地的原因，基准线可能不清楚，这时可以使用电子边线器或把边线器放在酒精灯上烧热后再划线。

⑤ 依照纸型在皮革面上标出四合扣的位置。

⑥ 在上步标注位置处用 4mm 圆錾打孔。（参照 1- ⑪ ）

⑦ 用研磨器把皮革裁切面打磨平整后，涂上 CMC。

⑧ 使用上油器在皮革裁切面涂上亮光边油，反复涂抹 2 到 3 次后晾干。

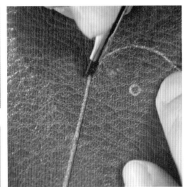
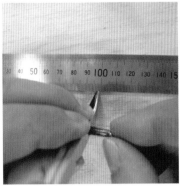

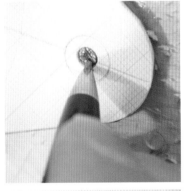
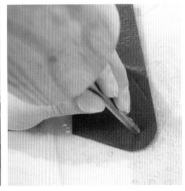
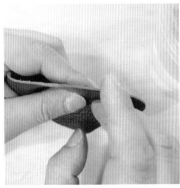

＊若没有上油器，也可用棉签或海绵。

3. 钉扣和上环

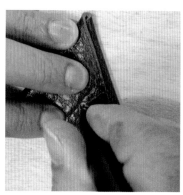

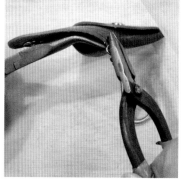

❶ 将皮革叠成三角形状。对于较厚或较硬的皮革，可借助木制修边器或分离棒折叠。

❷ 事先用银笔描出四合扣的下扣位置。

❸ 用 2.5mm 圆錾打下扣孔。

❹ 先将四合扣下扣反面从皮革反面套出来，把皮革反面放在倒置的万用环状台上，然后将冲纽器凹面的圆孔套入下扣的凸点。

❺ 使用木锤敲打固定。

❻ 使用与❹、❺ 相同的方法把四合扣的上扣套入要作扣面的皮革表面，再拿出万用环状台，选好适合 10mm 扣面的凹槽靠上去安装。

❼ 用 2.5mm 圆錾在皮革面上打出安装链条的孔。

❽ 用平钳夹住链条放进孔内。

四合扣是皮革工艺中最常用的锁具之一。一般有金黄、仿古、银白色、黑色四种颜色，经常使用的尺寸有 10mm、13mm。

10mm 仿古四合扣

下扣正面　　下扣反面　　上扣正面　　上扣反面

13mm 仿古四合扣

下扣正面　　下扣反面　　上扣正面　　上扣反面

❶ 四合扣的下扣和上扣分别使用不同尺寸的圆錾。下扣用 2.5mm，上扣用 4mm。

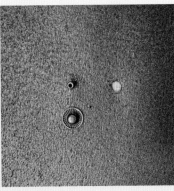

❷ 将四合扣下扣反面从皮革反面套进 2.5mm 孔内。

❸ 将万用环状台倒置，使用冲纽器安装下扣，其中下扣凸点与冲纽器凹槽尺寸须保持一致。

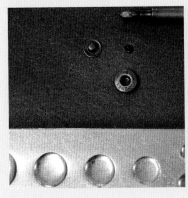

❹ 使用相同的方法将上扣套进 4mm 孔内，其中万用环状台凹槽与上扣面尺寸须保持一致。

四合扣安装完后皮革正面。

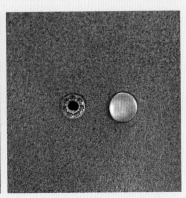

四合扣安装完后皮革反面。

材料和工具： 植物鞣皮革（天然色，1.5mm）、牛皮（褐色，1.5mm）、铅笔、方格纸、钢尺、云形尺、软直尺、圆形尺、圆錾（2.5mm，4mm）、锤子、美工刀、银笔、镇尺、床面处理剂、木制修边器、玻璃板、橡皮胶、上胶片、胶刷、边线器、3.5mm錾子（双錾，六錾）、线蜡（蜜蜡）、合成线（20号缝纫线）、针、剪刀、打火机、研磨器、万用环状台、冲纽器（10mm）、四合扣（10mm）

主题： 学习皮革工艺的基本过程以及缝线知识。混搭不同类别的皮革。

1. 设计和纸型制作

1. 依据使用材料、设计主题以及作品用途描画原型。

2. 使用钢尺、云形尺、软直尺制作纸型，画有标线的方格纸可以使纸型制作更加精确。

3. 裁切纸型。沿画线使用美工刀与纸面垂直裁切。

4. 使用圆錾在纸型上打扣子孔。(2.5mm，4mm， 须考虑纸型大小)

纸型制作示意图

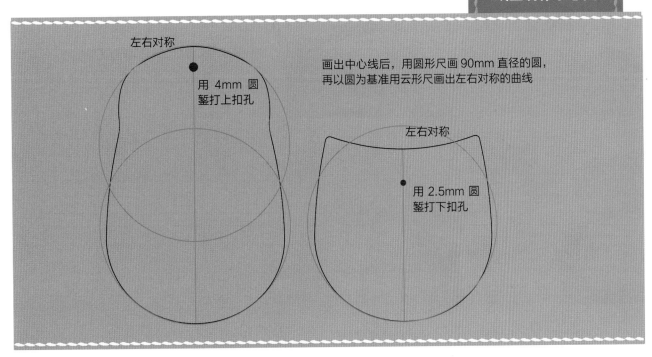

左右对称

用 4mm 圆錾打上扣孔

画出中心线后，用圆形尺画 90mm 直径的圆，再以圆为基准用云形尺画出左右对称的曲线

左右对称

用 2.5mm 圆錾打下扣孔

2. 皮革裁切和反面处理

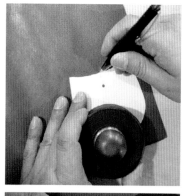 

 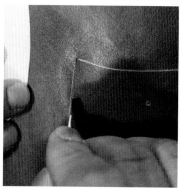

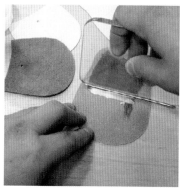 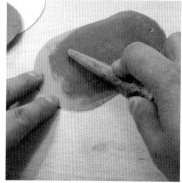

❶ 首先观察皮革面是否有褶皱、伤痕，确认没有后把纸型放在皮革面上，并用镇尺压牢，再用银笔沿着纸型边缘描绘版型。

❷ 左右描绘完后，将镇尺滑动到右上端，同时固定纸型使之不发生移动。

❸ 使用银笔描绘纸型左侧和下边缘的版型，书中马蹄形钱包正面用了牛皮，反面用了植物鞣皮。

❹ 使用美工刀沿着画线裁切皮革，须保证美工刀与皮革面垂直。

❺ 在裁切好的皮革面上用圆錾打扣子孔。

❻ 涂抹适量的床面处理剂于皮革反面。

❼ 使用玻璃板涂擦均匀。

❽ 使用木制修边器打磨至光滑。

3. 上胶和贴合

❶ 将纸型对着裁切的皮革反面，用银笔画出贴合位置。

❷ 使用上胶片在皮革边缘 3 ~ 5mm 宽度范围内涂抹适量橡皮胶。

❸ 对贴的皮革边缘也涂上橡皮胶。

❹ 使用去胶片对凝团的橡皮胶和上胶片上的橡皮胶进行擦拭。

❺ 待充分晾后（大约10分钟，用手触摸不粘胶时）沿边缘对贴两片皮革。

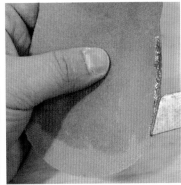

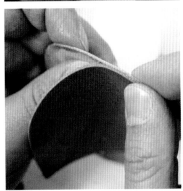

* 去胶片用于清除上胶和贴合操作中露出或附着的胶。

45

4. 划线和打孔

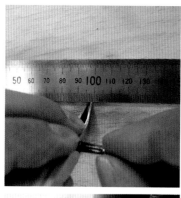
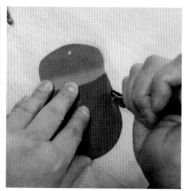
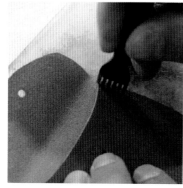
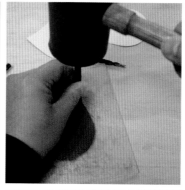

❶ 将边线器靠着钢尺量出 3mm 间距。

❷ 使用边线器在皮革边缘划出 3mm 宽的基准线，转弯处注意顺势移动皮革，保持边线器不走位。

❸ 由錾子外侧抵住基准线中央，轻压出痕迹，确认出第一个打孔位置。

❹ 打孔时錾子与皮革面垂直，锤子击打力道只要能穿过皮革就好，然后将錾子刃儿抵住上一个缝孔接续往下打。

❺ 转弯处须用双錾打孔，先用上次打孔作业的最后一个缝孔抵住双錾的一个錾子刃儿，只轻压出痕迹。

❻ 然后在压痕位置处打缝孔，就能打出漂亮的弧度。

＊ 以目测方式打孔一定会有误差，需抵住上一个缝孔打孔，才能保证后期针线的整齐。

5. 上蜡和穿针

① 缝线时线的两端都要穿针，所以先要预留线的长度。

② 皮革较薄的情况下，缝线长度大约是缝制距离的 3 倍，皮革较厚时，距离约为 4 倍。

③ 为防止线有起毛的情况发生，需要事先上蜡。

④ 均匀地给线的每个部位上蜡，两端可重复多次。

⑤ 将线穿过针孔后量出与针一样的长度，然后把针穿过刚量出的线的中间。

⑥ 一只手捏住线，另一只手捏住针并往上拉。

⑦ 继续往上拉就会像图示一般，线显得自然并且不会打结。

⑧ 同样的方式在线的另一端穿针。

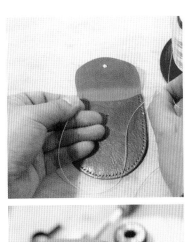
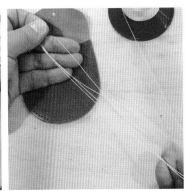
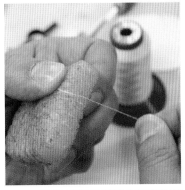
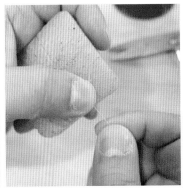
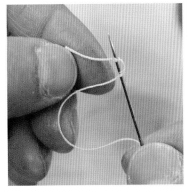
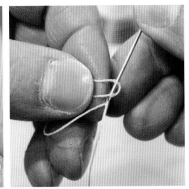
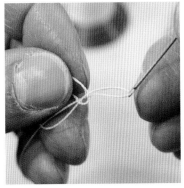
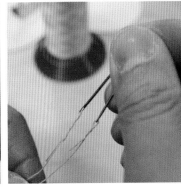

＊上蜡时要保证线不松脱，且上蜡量要适当。

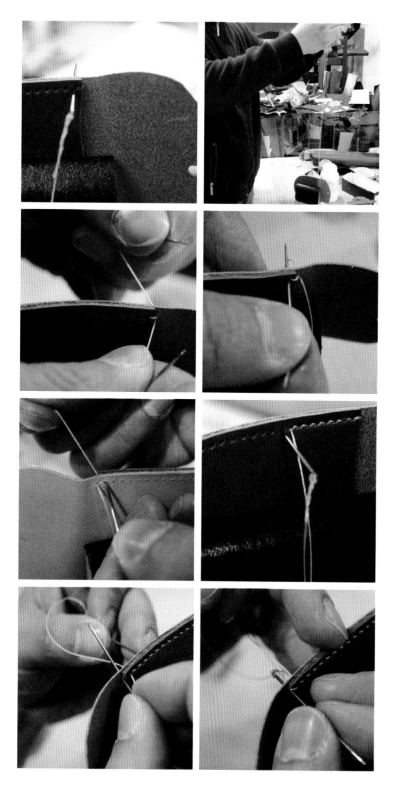

6. 缝线

❶ 从第一个缝孔处的后一格开始缝线。

❷ 将穿过缝孔的线拉直，使两边等长。

❸ 先将右边的缝针穿过第一个缝孔，这样
右边成为马蹄形钱包的正面，然后再将
左边（反面）的缝针穿过缝孔。

❹ 按上述步骤再进行下一个缝孔作业。

❺ 穿左边（反面）的缝针时须从右边针线
的下方穿过。

❻ 这样右边缝线呈斜线形状，左边缝线呈
一字形状。

❼ 按照上述方式缝到最后一个缝孔处。

❽ 将右边（正面）的针穿过最后一个缝孔
的下一格（平缝）。

⑨ 这样针和线都来到皮革反面。

⑩ 这时将反面右边的缝线慢慢推进最后一个针脚内。

⑪ 拉紧推进的缝线。

⑫ 拉至最紧会变成一个小圈的线结。

⑬ 再将反面左边的缝线慢慢推进倒数第二个针脚内。

⑭ 按照上述相同的方式拉紧缝线。

⑮ 将左右缝线往两侧拉紧，固定住缝线收尾。

⑯ 最后把多余的缝线剪掉。

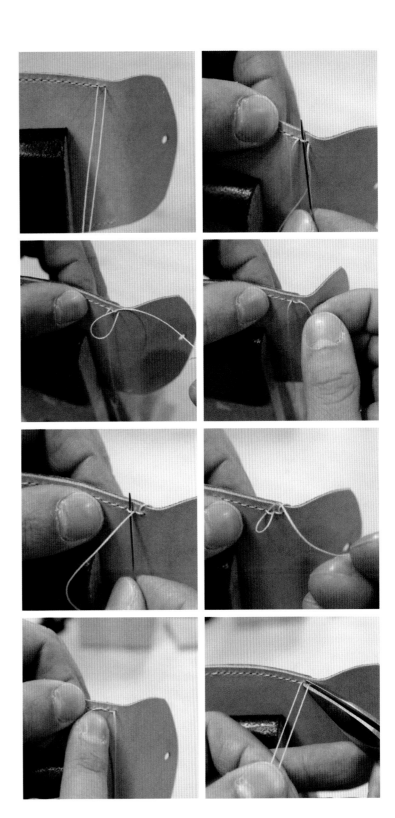

⑰ 使用打火机清理剩余的线头。

7. 磨边和上扣

❶ 使用研磨器打磨凹凸不平的皮革边缘。

❷ 打磨完后在边缘上涂抹一层薄薄的床面
处理剂。

❸ 然后用木制修边器左右摩擦，直至抛光
为止。

❹ 使用冲纽器和万用环状台打孔上扣。

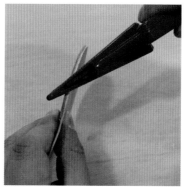
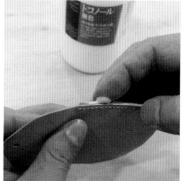

设计相同，皮革种类或缝线颜色不同，作品给人的感觉也不同。

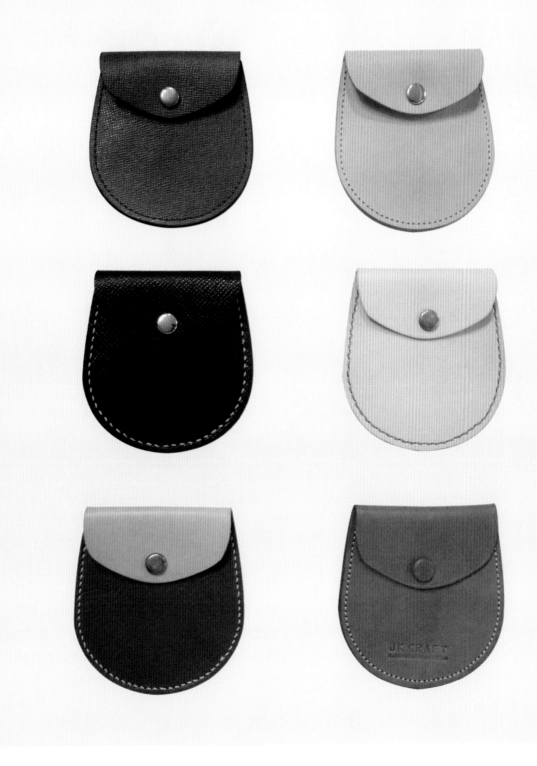

第三课
项圈卡包

材料和工具： 植物鞣皮革（天然色 /1.5mm，棕色 /2mm）、方格纸、圆形尺、直尺、美工刀、锤子、圆錾（15mm，3.5mm）、钢尺、镇尺、铁笔、床面处理剂、木制修边器、边线器、橡皮胶、上胶片、去胶片、3.5mm錾子（双錾，六錾）、合成线（20 号缝纫线）、线蜡（蜜蜡）、针、剪刀、打火机、研磨器、环扣（4mm）、冲纽器、专用环扣台、圆皮绳（天然色 /2mm）

主题： 复习皮革工艺的基本知识，制作可调节长度的项圈。

1. 纸型制作

1️⃣ 使用圆形尺等工具在方格纸上描画原型（须考虑纸型大小）。

2️⃣ 使用圆錾打上下两个孔。

3️⃣ 使用直尺和美工刀对直线部分进行裁切。

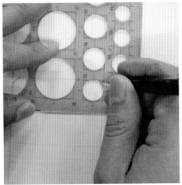 

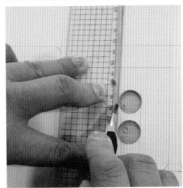

纸型制作示意图

10mm　70mm

105mm

70mm

用 20mm 圆錾打孔

85mm

用 20mm 圆錾打孔

上下 2 次

2. 皮革裁切和磨边

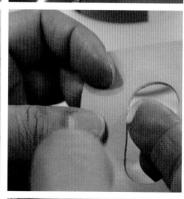

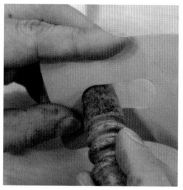

❶ 将制作好的纸型放在皮革面上，并用镇尺固定，然后用铁笔描绘。

❷ 使用美工刀沿划线裁切皮革。

❸ 和纸型制作时一样，首先用圆錾打孔，再用钢尺剪切直线部分。

❹ 在裁切面涂抹床面处理剂。

❺ 使用木制修边器的柱面打磨裁切面。

❻ 使用边线器在卡片套口处划出基准线。

❼ 使用床面处理剂和木制修边器对卡片套口处的皮革面进行处理。

3. 上胶、划线和打孔

① 在卡片套口处皮革面上标注涂抹橡皮胶的位置。

② 沿标线涂抹橡皮胶后充分晾一下。

③ 贴合皮革面，注意对准两面皮革的边缘。

④ 使用边线器划一条打孔基准线。

⑤ 先由錾子外侧抵住基准线中央，轻压出痕迹，确认第一个打孔位置。

⑥ 用一个錾子刃抵住上一次打孔作业的最后一个缝孔接续往下打。

⑦ 在转弯地方换双錾标注下錾位置后依次打孔。

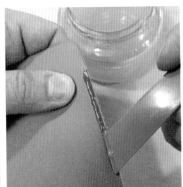

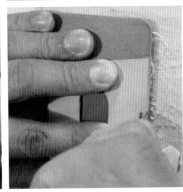

＊贴合皮革时皮革两面都要抹胶。

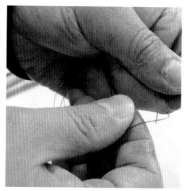
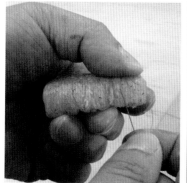

4. 上蜡和穿针

❶ 沿基准线估测缝线的长度。

❷ 一般需准备的缝线长度是基准线的 3~4 倍。

❸ 将缝线压在蜡上，上 1~2 次蜡。

❹ 缝线的两端可多重复几次上蜡，这样不会发生松脱情况。

❺ 将缝线两端穿针。

附注：缝线两端重复上蜡的理由

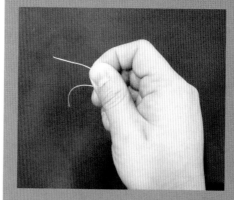

缝线穿过针孔缝制过程中，线条易发生松脱情况，重复上蜡可使线条揉在一起，防止线条松脱，并且能够很轻松穿针。

5. 缝线

① 从第二个缝孔开始缝线。

② 将穿过的线向上拉紧，使两边缝线等长。

③ 接着将针穿入第一个缝孔处缝线。

④ 再从右边（正面）穿过第一个缝孔。

⑤ 在左边（反面）作业时，需保证从右边
　针线的下方通过。

⑥ 一直重复至皮革右边最后一个缝孔。

⑦ 皮革左边同上操作。

⑧ 然后以针头反方向在倒数第二个缝孔处
　缝线，使两针来到皮革左边。

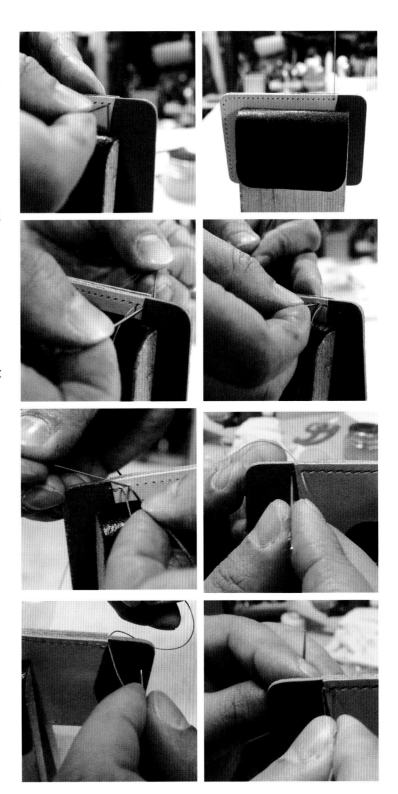

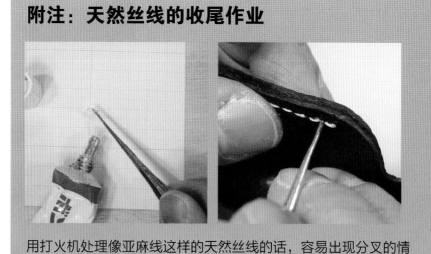

⑨ 将左边两个针分别从各自针脚内通过，打结后把线往回拉。

⑩ 使用剪刀剪去多余的缝线。

⑪ 再使用打火机处理线头。

附注：天然丝线的收尾作业

用打火机处理像亚麻线这样的天然丝线的话，容易出现分叉的情况，这时应用锥子或针头蘸上速干透明胶或工艺用透明强力胶进行收尾作业。

6. 上扣

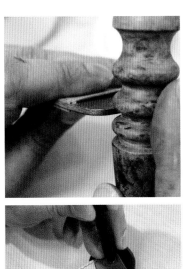

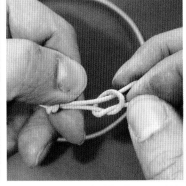
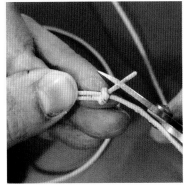
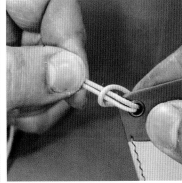

① 在裁切面涂抹床面处理剂后用木制修边器打磨。

② 使用 3.5mm 圆錾在左上端打孔。

③ 使用专用工具上扣。环扣结构和安装方法见下页。

④ 制作可调解长度的项圈，参照下方"皮绳打结方法"，先在皮绳一端打结后用相同的方法在皮绳另一端打结。

⑤ 打结后用剪刀剪去多余的皮绳。

⑥ 将做好的项圈穿过环扣眼儿后打结。

附注：皮绳打结方法

❶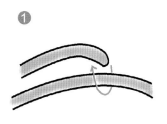
❷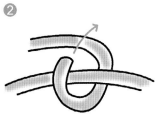
❸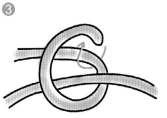
❹

小窍门——环扣结构和安装方法

环扣

上扣

下扣

环扣由上扣和下扣两部分组成，每个公司在制作环扣时使用不同的模具，所以环扣的尺寸大小也不一。

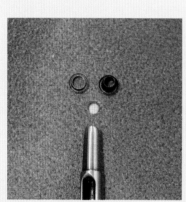
❶ 使用圆錾打孔。

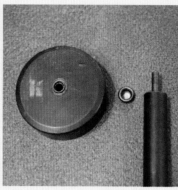
❷ 将下扣放在专用环扣台上，铺上皮革，对准扣眼放上扣。

❸ 拿出冲纽器凸面插入上扣，再用木锤敲打固定。

完成后的正面。

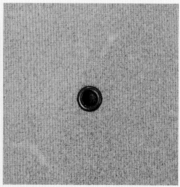
完成后的反面。

环扣专用工具

小窍门——摁扣结构和安装方法

摁扣

上扣正面　　上扣反面　　下扣正面　　下扣反面

摁扣是皮革工艺中的装饰和锁具，安装时需用到专门工具。

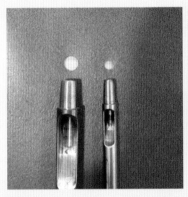

❶ 使用圆錾打孔。

❷ 将上扣正面放到皮革正面的扣眼儿里，上扣反面放进环扣台，再把环扣台放到皮革反面，对准扣眼儿。

❸ 使用冲纽器凸面安装上扣。

❶ 将下扣正面放到皮革正面的扣眼儿里，下扣反面放进专用环扣台，再把模具放到皮革反面，对准扣眼儿。

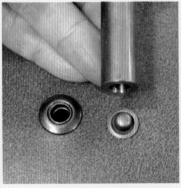

❷ 使用冲纽器凹面安装下扣。

上下扣固定后的示意图。

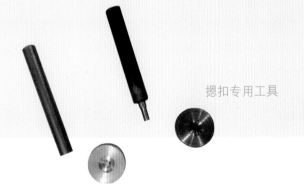

摁扣专用工具

第四课
两分钥匙链

材料和工具： 植物鞣皮革（天然色 /1.5mm，棕色 /2mm）、方格纸、活芯铅笔、云形尺、圆形尺、美工刀、钢尺、圆形裁刀、锥子、半圆錾、削边器、床面处理剂（褐色，透明）、木制修边器、橡皮胶、上胶片、去胶片、钥匙环、圆錾（2.5mm，4mm）、四合扣（10mm）、冲纽器（10mm）、万用环状台、锤子、研磨器、边线器、3.5mm 双錾、线蜡、合成线（20 号缝纫线）、针、剪刀、打火机

主题： 使用小块儿皮革或是碎皮面制作两分钥匙链。

1. 纸型制作

❶ 使用云形尺、圆形尺等工具将设计图画在纸型上。

❷ 使用半圆錾（1/2 圆錾）裁切曲线。

❸ 使用美工刀裁切直线部分，需注意与曲线部分对称。

❹ 使用圆形裁刀裁切半径较大的曲线，如果没有半圆錾或圆形裁刀，也可用美工刀慢慢裁切。

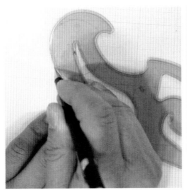

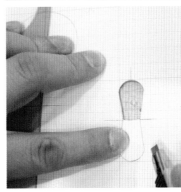
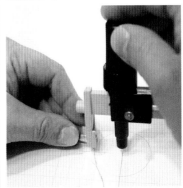

纸型制作示意图

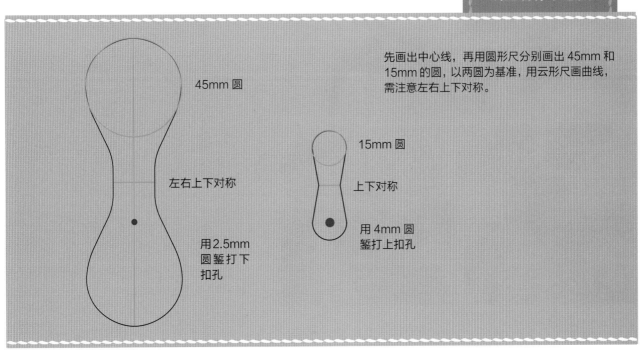

45mm 圆

左右上下对称

用2.5mm 圆錾打下扣孔

15mm 圆

上下对称

用4mm 圆錾打上扣孔

先画出中心线，再用圆形尺分别画出 45mm 和 15mm 的圆，以两圆为基准，用云形尺画曲线，需注意左右上下对称。

2. 皮革裁切及裁切面处理

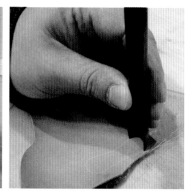

① 将纸型放在皮革上，用锥子描绘原型。

② 使用半圆錾裁切半圆部分。

③ 使用美工刀裁切曲线部分。

④ 将削边器开口抵住裁切的皮革边缘，顺势往前推削。

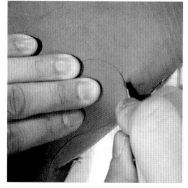
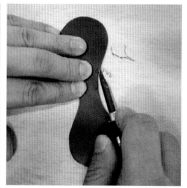

⑤ 将裁切的皮革对折，捏住安钥匙环的地方。

⑥ 在对折处涂抹褐色床面处理剂。

⑦ 使用木制修边器打磨涂抹床面处理剂的地方。

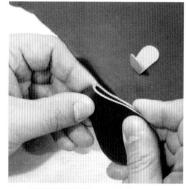

⑧ 使用透明床面处理剂处理天然色皮革部分。

＊一般制作小型皮革工艺品时，使用小块儿皮革或者碎皮面能够节约材料。

3. 上胶、划线和打孔

❶ 使用上胶片对天然色皮革里面上胶。

❷ 安装钥匙环后贴合固定。

❸ 使用 4mm 圆錾在纸型上打上扣孔。

❹ 在皮革上标注上扣安装位置后用 4mm
圆錾打孔。

❺ 使用万用环状台和冲纽器在皮革上安装
上扣。

❻ 使用 2.5mm 圆錾在皮革上打下扣孔。

❼ 使用 10mm 冲纽器安装下扣。

❽ 将皮革穿入钥匙环内。

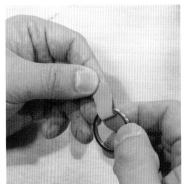

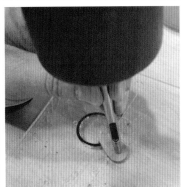

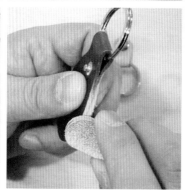

⑨ 除去安装天然色皮革片的位置，在皮革中间涂抹橡皮胶。

⑩ 涂抹均匀，确保不凝团。

⑪ 将皮革对折贴合。

⑫ 使用研磨器打磨皮革侧面。

⑬ 使用边线器划出一条顺着皮革边缘的基准线。

⑭ 使用双錾顺着基准线打缝线孔，注意转弯处的打孔方法。

4. 缝线

① 准备一根比基准线长 4 倍的线，并均匀上蜡。

② 从第一个缝孔开始缝线。

③ 向上拉紧缝线使之等长。

④ 向皮革外边绕两圈线。（拱针）

⑤ 从皮革右边向左边缝线。

⑥ 把线往外拉，保证和左边针头不接触，将针穿至右边。

⑦ 以相同的方法缝至最后一个孔。

⑧ 将最后从皮革反面穿过来的针再沿反面方向穿过下一个针脚。

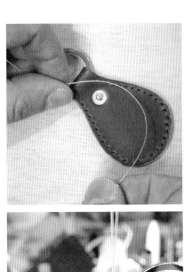

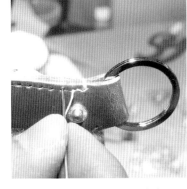
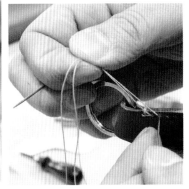

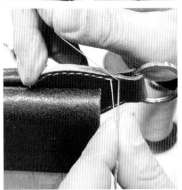

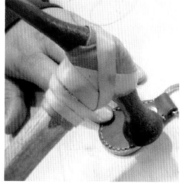

⑨ 再折回顺着錾子打孔方向缝线。

⑩ 参照另一面向皮革外边绕两圈线。

⑪ 将针穿过针脚并打结。

⑫ 将打结后的线拉实，剪去多余的线。

⑬ 使用打火机清除线头。

⑭ 使用锤子将皮革面敲打平整。

5. 磨边

① 在钥匙皮革侧面涂抹床面处理剂。

② 使用木制修边器最大的凹槽打磨皮革侧面。

③ 再用下端的小凹槽打磨侧面至圆滑。

④ 将两段钥匙链的扣子合在一起。

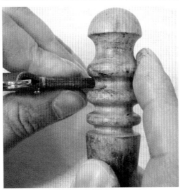 

附注：圆形裁刀

刀刃可以更换，距离可以调节，中间的把手还可以起到固定的作用。圆形裁刀一般用于裁切整圆或半圆，有时也用于曲线裁切，美工刀更多用于曲线作业。

第五课
钱包

材料和工具: 植物鞣皮革(油性皮面,1.4mm)、方格纸、活芯铅笔、软直尺、圆形尺、云形尺、钢尺、圆錾(2.5mm, 4mm)、锤子、镇尺、银笔、美工刀、双面胶、圆针、万用环状台、四合扣(10mm)、冲纽器(10mm)、4mm 錾子、打火机、线蜡、合成线(20 号缝纫线)、剪刀、滚轮

主题: 对皮革反面缝线后再对正面作业,确保针脚不外露的情况下缝线。

1. 纸型制作

① 使用软直尺在方格纸上制作纸型。

② 靠着圆形尺画外廓线的圆的部分，圆形尺也可用间距规代替。

③ 使用云形尺画曲线。

④ 使用美工刀和圆錾裁切画好的纸型。

纸型制作示意图

用 4mm 圆錾打上扣孔

10mm

245mm

左右对称

150mm

75mm

150mm

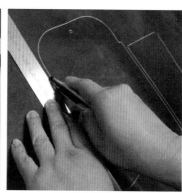

2. 皮革裁切和贴合

① 将纸型放在皮革上面，用镇尺固定，然后用银笔描绘轮廓。

② 将钢尺靠着里面的那条直线用美工刀裁切。

③ 曲线部分直接用美工刀裁切。

④ 对照纸型上标注扣子的位置，使用圆錾在皮革上打孔。

⑤ 将皮革面对折。

⑥ 将皮兜放在对折的一面上。

⑦ 将皮兜对折后，按住皮兜中间部分。

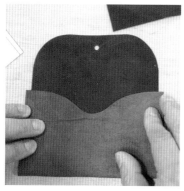

3. 打孔和上蜡

❶ 使用錾子在皮兜中间打缝孔。

❷ 将錾子的第一个刃儿抵住上次打孔作业的最后一个孔接续打孔。

❸ 准备一根比缝制距离长 4 倍的线。

❹ 均匀上蜡，线两端部分多重复 1~2 次。

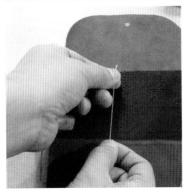
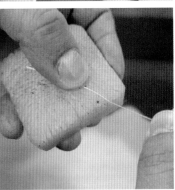

附注：用錾子辅助制作纸型

纸型的制作不是一蹴而就，需要反复测量修正。用 CAD 或 Illustrator 制作纸型可以通过测算打錾距离调节纸型尺寸，但是用手在方格纸上画纸型时就需要提前把錾子放在纸型上测量距离，反复修正制作。

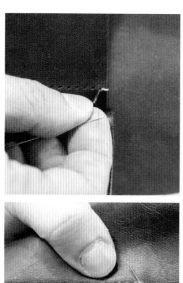

4. 皮兜缝线

① 从第二个孔开始向第一个孔缝线，再反过来缝线。

② 缝至最后一个孔后，将里面的针向后穿引。

③ 将皮兜后面两个针穿过来，分别推进左右两个针脚内。

④ 朝相反方向将穿过左右针脚的线拉紧。

⑤ 这样线结藏在针脚内显得自然。

⑥ 使用剪刀剪去多余的线头，再用打火机做收尾处理。

5.皮边缝线

① 如果使用胶水贴合对折边，在接下来的
制作和使用过程中容易溢出，产生不必
要的痕迹，因此选择双面胶贴合固定对
折边。

② 把边对折整齐。

③ 使用边线器划出打孔的基准线。

④ 顺着基准线打孔。

⑤ 然后从第一个孔开始缝线。

⑥ 拉紧线让两边一样长。

⑦ 朝外做两次拱针。

⑧ 接着向后面的孔缝线。

⑨ 缝完最后一个孔后用右边的线继续向后缝制 1 格。

⑩ 然后在最后一个孔做一次拱针。

⑪ 把针穿过针脚打结。

⑫ 使用剪刀剪去多余的线，再用打火机清理线头。

6. 上扣

① 将钱包里面外翻出来。

② 注意防止脱线。

③ 用 2.5mm 圆錾在安装扣子处打孔。

④ 使用冲纽器和万用环状台安装四合扣。

⑤ 使用滚轮压平外翻出来的皮革面，可用
　 锤子配合作业。

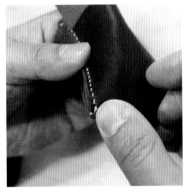

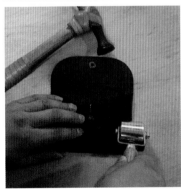

第三章
中级篇·上（制作过程）

材料和工具：牛皮（压花皮革，1.4mm）、皮带裁切尺、云形尺、软直尺、方格纸、银笔、四合扣（10mm）、锤子、冲纽器（10mm）、圆錾（1mm，2.5mm，4mm）、皮带錾（12mm×2mm）、CMC、玻璃板、塑料片（透明）、双面胶（3mm）、滚轮、速干透明胶、橡皮胶、上胶片、边线器、錾子（双錾，六錾）、针、亚麻线、线蜡、剪刀、锥子、迷你皮带扣（10mm）、铆钉（6mm）、铆钉工具（6mm）

主题：制作工艺复杂的纸型，学习制作皮带的基本知识。

第一课
小皮袋

1. 皮革裁切和塑料片安装

① 制作纸型。（为便于理解各部件的名称，可参考所附纸型）

② 将纸型放在皮革上用银笔描绘原型。

③ 把小皮袋 1、2、3 号皮革裁切后，用圆錾在安装四合扣位置打孔。

④ 使用皮带錾在皮带上打孔，皮带錾也可用圆錾代替。

⑤ 沿小皮袋 2 号匚字形皮革的内部横断线裁切后，用 1mm 圆錾在起点和终点处打孔。

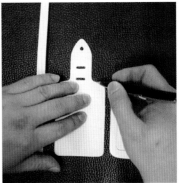

附注：皮带裁切尺

使用皮带裁切尺时，将尺子末端部位固定在皮带或束带上，用中间的孔标出皮带眼儿的间隔。可旋转使用其他尺寸。

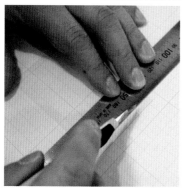

⑥ 在皮革内面涂抹 CMC。

⑦ 然后用玻璃板涂抹。

⑧ 将放进小皮袋 2 号皮革内面的塑料片尺寸裁切至大小合适。

⑨ 将双面胶贴在离小皮袋 2 号皮革边缘 3mm 处。

⑩ 将塑料片贴在双面胶上。

⑪ 使用滚轮碾压平展。

反面

皮带

小皮袋正面

2. 上胶和缝线

① 除小皮袋 1、2 号皮革入袋口部分外，在小皮袋匚字形的贴合部分涂抹橡皮胶。

② 待橡皮胶晾后贴合 1、2 号皮革。

③ 使用边线器划出基准线。

④ 沿基准线打孔，拐弯处用双錾。

⑤ 准备一根 4 倍于缝制距离的缝线。

⑥ 给缝线上蜡。

⑦ 缝线穿过第一个缝孔后，向上拉紧两边缝线使之等长。

⑧ 在小皮袋两层皮革上开始平缝作业。

* 亚麻线的特点是粗细可能不均一。

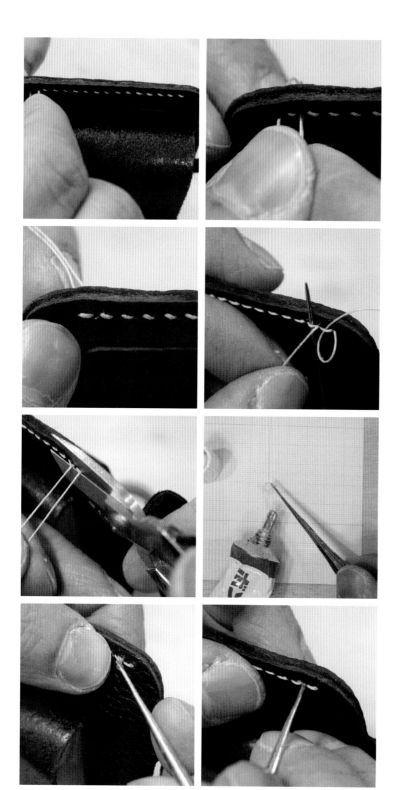

❾ 用力均匀缝至最后一个孔。

❿ 穿过最后一个孔后再回穿过来。

⓫ 然后将回线放进针脚内使之看起来整体一致。

⓬ 将左边的两针从各自针脚内穿过并打结。

⓭ 使用剪刀剪去多余的线。

⓮ 在锥子末端涂抹适量速干透明胶。

⓯ 将速干透明胶涂抹在线头上。

⓰ 使用锥子将线头塞进缝孔内。

3. 皮带作业

① 使用圆錾在小皮袋 3 号皮革即皮带
上给皮带扣环打孔。（可参考所附纸
型）

② 将 10mm 大小的皮带扣环塞入孔内。

③ 使用 2.5mm 圆錾在皮带的适当位置
上给铆钉打孔。

④ 将铆钉塞入孔内。

 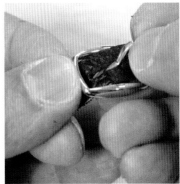

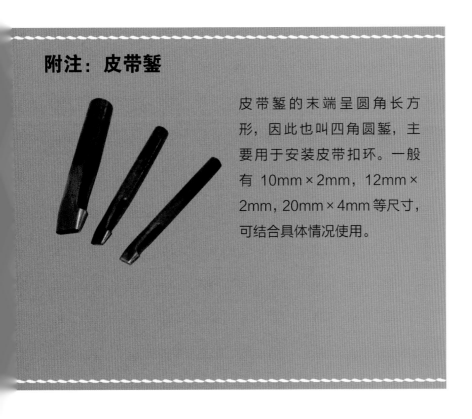

附注：皮带錾

皮带錾的末端呈圆角长方
形，因此也叫四角圆錾，主
要用于安装皮带扣环。一般
有 10mm×2mm，12mm×
2mm，20mm×4mm 等尺寸，
可结合具体情况使用。

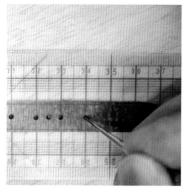
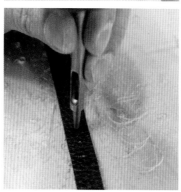

⑤ 将反面扁平的铆钉放在底座上，用 6mm 专用工具固定铆钉。

⑥ 将皮带末端套入皮带环扣内目测穿孔距离。

⑦ 使用软直尺在皮带上标出环扣孔位置。

⑧ 使用 2.5mm 圆錾在标记位置打孔。

⑨ 在小皮袋 2 号皮革的顶端处安装 10mm 四合扣的下扣。

⑩ 在如图所示的部位安装上扣。

⑪ 上下扣合起来后将皮带塞进去。

小窍门 —— 制作 CMC 溶液

CMC 溶液是将无色无味的白色粉末溶解在水中后呈现一定黏性的液体。平时也用在食品或洗涤剂里，在皮革工艺中主要用于处理皮革反面和裁切面。以 1 : 5 或 1 : 10 的比例将 CMC 粉末放进盛水的容器内，大约 6 小时后变成透明的糊状物。使用时将 CMC 涂抹在皮革反面或裁切面，再用玻璃板或木制修边器打磨至光滑。夏天或手上出汗时容易使之发霉，所以应根据使用频率适量制作。

❶ 准备好容器、CMC 粉末、水。　　❷ 把水倒入容器。　　❸ 将 CMC 粉末倒入容器内。

1 小时后　　　　　3 小时后　　　　　6 小时后

第二课
贴花手包

材料和工具: 牛皮（1.4mm 牛犊皮 /1.2mm 牛皮）、方格纸、研磨器、圆形尺、云形尺、直角尺、钢尺、美工刀、镇尺、银笔、锥子、圆錾（10mm，4mm，2.5mm，1mm）、CMC、速干透明胶、针、3 缕苎麻线、锤子、橡皮胶、上胶片、去胶片、边线器、4mm 錾子（6 錾，双錾）、打火机、剪刀、冲纽器（10mm）、四合扣（仿古，10mm）、万用环状台

主题: 学习制作包包中入门作品——手包，并用贴花加以修饰。

1. 皮革裁切和贴花制作

① 制作纸型。（参考所附纸型）

② 用镇尺固定纸型，用银笔在皮革上描绘原型。

③ 沿线裁切皮革。

④ 在厚纸片上画手包上的贴花，用简单的线条勾勒即可。

⑤ 将纸片上的贴花裁切下来，用锥子描绘在碎皮面上。平时制作皮革作品时注意积攒碎皮子。（可参考 91 页图案）

⑥ 使用美工刀沿线裁切贴花。

⑦ 在皮革侧面涂抹 CMC 处理杂乱的皮毛。

⑧ 参考 88 页成品合理排列贴花。

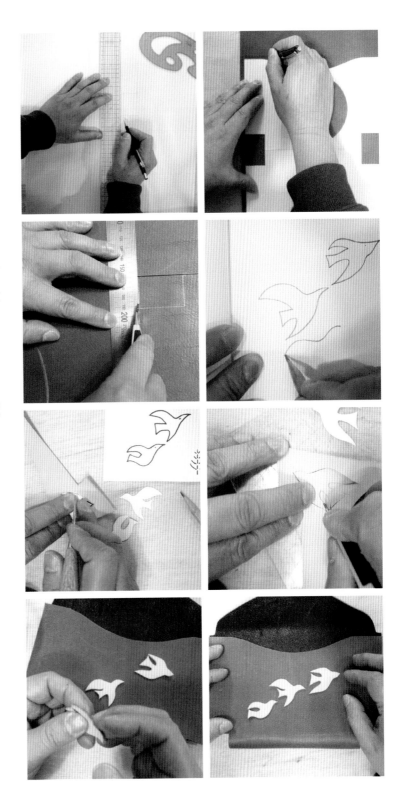

* 后期需要将贴花缝制在皮革上，因此画贴花时不需复杂，只需保留基本原型。

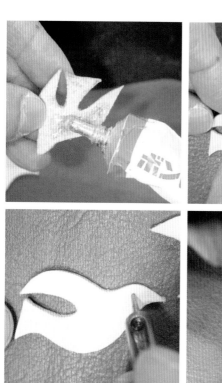

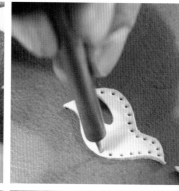
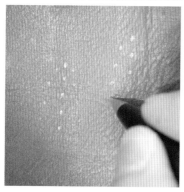
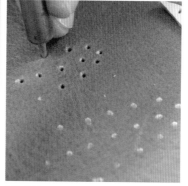
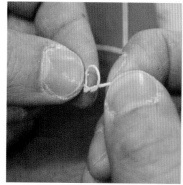
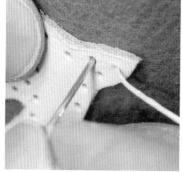

⑨ 在贴花反面涂抹速干透明胶。

⑩ 注意粘贴时不要让胶溢出。

⑪ 使用 1mm 圆錾打孔。

⑫ 调整好间隔打缝线孔。

⑬ 对准树状图案的缝孔，用银笔标出打孔的位置。

⑭ 使用 1mm 圆錾在银笔标记位置打孔。

⑮ 将缝线末端打两次结。

⑯ 拿出缝针开始缝线。

⑰ 用力均匀缝至最后一个孔。

⑱ 打结并用打火机处理线头。

⑲ 用相同的针法缝制树状图案。

⑳ 最后打结并用打火机处理。

㉑ 使用小铁锤或滚轮整理皮面。

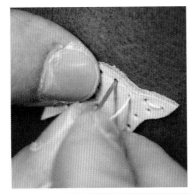
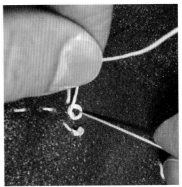

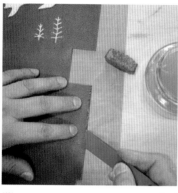
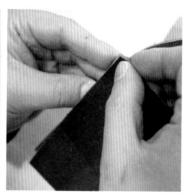
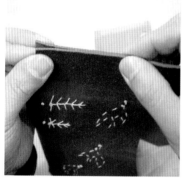
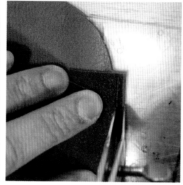

2. 上胶和缝线

❶ 使用上胶片在皮革边缘 2~3mm 处涂抹橡皮胶，为避免折叠皮革时露出胶痕，应适量上胶。

❷ 晾一下后折叠贴合。

❸ 注意对准皮革边缘贴合。

❹ 使用边线器或间距规划出基准线。

❺ 由錾子外侧抵住基准线中央依次打孔。

❻ 将针穿过第一个缝孔，向上拉紧至两边等长。

❼ 注意左右两针的缝制方向和顺序，缝至最后一个孔。

❽ 然后将右边的针向后平缝一格。

⑨ 将左边两针分别从各自针脚内穿过，
打结后向左右拉至看不见线结。

⑩ 使用剪刀和打火机处理线头。

⑪ 使用上胶片在贴合面两边 2mm 间隔
处涂抹橡皮胶。

⑫ 晾后贴合两面。

⑬ 以中间的贴合线为基准在左右两边打
孔。

⑭ 用与之前相同的针法缝线。

⑮ 将中间贴合的部分推到一边确保其没
有拧劲儿，然后在上面缝线。

⑯ 缝至最后一个孔时平缝并打结。

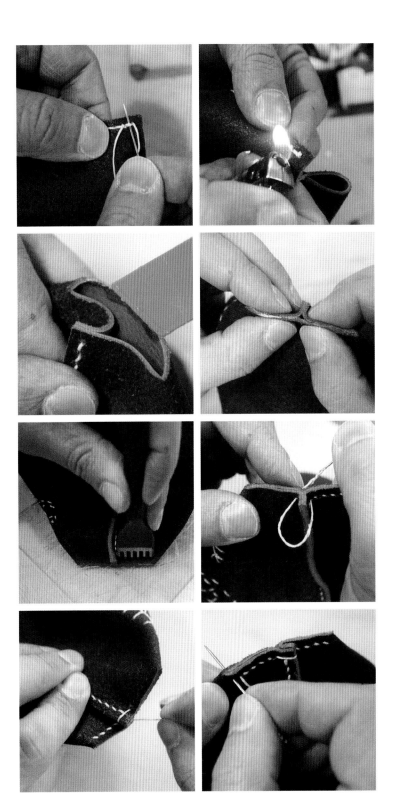

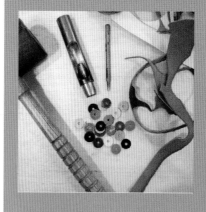

⑰ 使用打火机处理线头。

⑱ 将中间贴合部分向里推。

⑲ 保持这种形态的情况下，将贴合部分从里向外慢慢推出并不断上胶，再慢慢推进并晾干固定。

附注：制作皮革垫圈

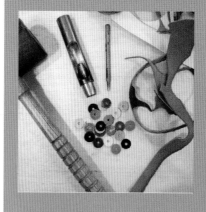

在厚度较薄的皮革上安装扣子时，可根据实际情况用垫圈调整皮革厚度，通常用 10mm，4mm 圆錾在碎皮面上制作垫圈，它也可用于制作手链等装饰物。

3. 使用皮革垫圈安装饰物

① 使用 4mm 圆錾在四合扣位置打孔。

② 将手包上端翻折下来，目测安装四合扣的位置后用银笔标记出来。

③ 在标记处用 2.5mm 圆錾打孔。

④ 使用碎皮面制作垫圈，由于在厚度较薄的皮革上安装四合扣不易操作，可借助垫圈安装。（参考 94 页）

⑤ 将垫圈夹在下扣中间并安装下扣。

⑥ 将钢板放在手包下面，再使用冲纽器固定下扣，钢板也可用万用环状台代替。

⑦ 用与之前相同的方法将垫圈夹在上扣下面并安装上扣。

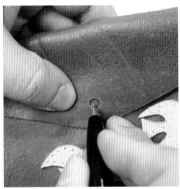

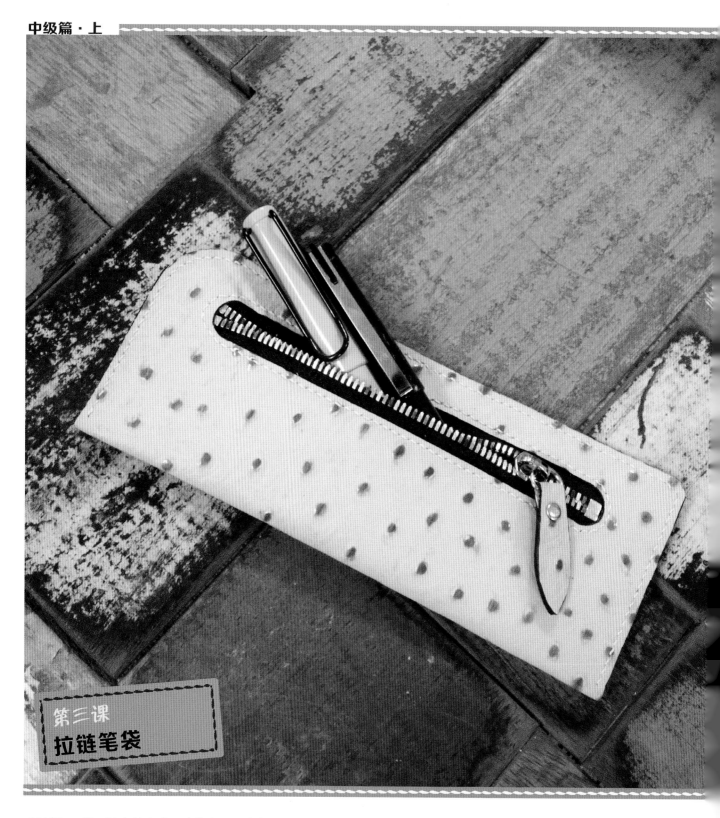

第三课
拉链笔袋

材料和工具：鸵鸟纹牛皮、方格纸、活芯铅笔、圆形尺、软直尺、钢尺、银笔、镇尺、圆錾（15mm，2.5mm）、美工刀、剪刀、彩虹拉链（YKK 5 号）、拉链头、拉链阻、D 环、油性笔、钢丝钳、工艺用平钳、锤子、打火机、边线器、CMC、亮光边油、亮光边油涂抹器、双面胶（3mm）、橡皮胶、上胶片、拐角錾、针、合成线（20 号缝纫线）、线蜡、手缝夹皮器、剪刀、万用环状台、削皮器、研磨器、铆钉（6mm）、铆钉工具（6mm）

主题：学习组装拉链的方法后制作笔袋。

1. 皮革裁切

❶ 制作纸型。（参考所附纸型）

❷ 使用圆錾、钢尺等将安装拉链的部分剪切下来。（参考所附纸型）

❸ 使用银笔在皮革上描绘原型。

❹ 再描出拉链的位置。

❺ 裁切皮革。

❻ 使用 15mm 圆錾在拉链部位两端打孔后，沿直线裁切。

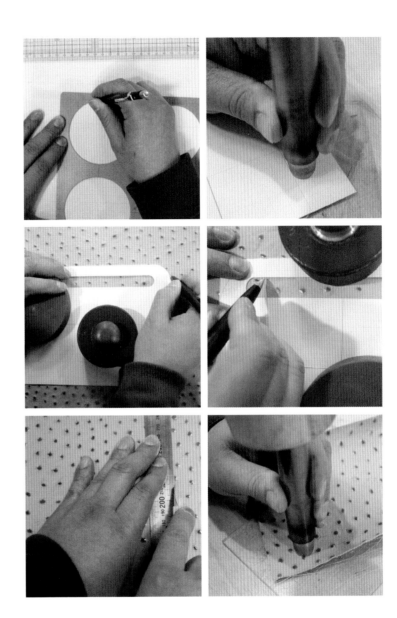

2. 拉链组装

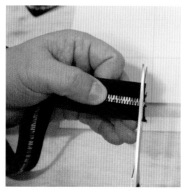
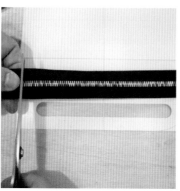

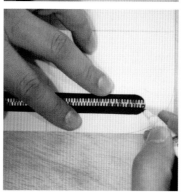

❶ 使用剪刀将拉链（5号彩虹拉链）的两端剪切规整。

❷ 剩余拉链的长度应比纸型上拉链位置长 10mm 左右。

❸ 使用打火机处理拉链两端，防止松脱。

❹ 将处理好的拉链放在纸型上，用油性笔在链齿上标出拉链阻的位置。

❺ 将拉链展开至拉链阻位置。

附注：拉链的结构和名称

拉链头

X 形拉链阻

拉链阻

D 环

拉链（彩虹拉链）

⑥ 使用钢丝钳拔掉展开的链齿。

⑦ 如图所示为处理好的拉链，注意拔掉
的链齿是交错排列。

⑧ 从拉链任何一端安装拉链头，也可同
时从两端分别安装一个拉链头。

⑨ 将拉链头朝下安装更简便。

⑩ 如图所示在拉链另一端安装 X 形拉链
阻。

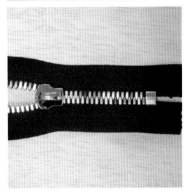

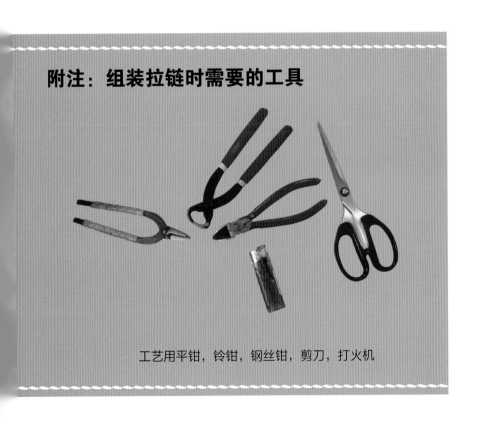

附注：组装拉链时需要的工具

工艺用平钳，铃钳，钢丝钳，剪刀，打火机

 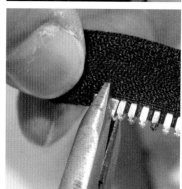

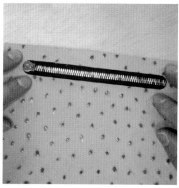

⑪ 使用工艺用平钳将 X 形拉链阻的左右边合死。

⑫ 然后放在铁板（或者万用环状台反面）上，用小铁锤加固，注意不要敲到链齿。

⑬ 接着用平钳在另一面安装拉链阻。

⑭ 注意在链齿少的一端安装，拉链阻和最后一个链齿的距离约为链齿间的距离。

⑮ 放在铁板上用小铁锤加固。

⑯ 接着用相同的方法在链齿多的一端安装拉链阻，注意拉链阻应安装在最后一个链齿上。

⑰ 对准位置将组装好的拉链放到皮革相应的地方。

3. 拉链安装

① 使用边线器在安装拉链位置划出基准线，并涂抹 CMC 使之平整。

② 在如图所示的拉链安装内面涂抹亮光边油。

③ 在笔袋内面安装拉链的周围贴上 3mm 的双面胶。

④ 用双面胶贴合除拉链阻部分的拉链。

⑤ 前后调试拉链。

⑥ 沿基准线打缝孔。

⑦ 起头缝针。开始缝制的位置即是结束的位置。

⑧ 反面贴有双面胶，缝制时可能破坏胶面，注意避免开胶。

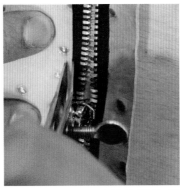
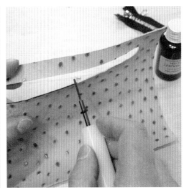

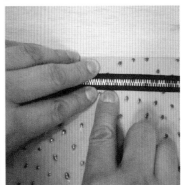
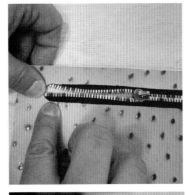

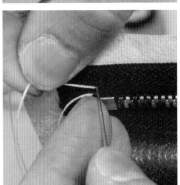

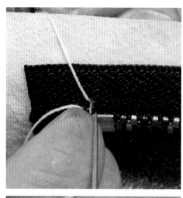

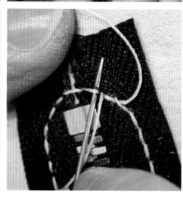

⑨ 反面双面胶掩住了缝孔，缝制时可通过笔袋正面的缝孔慢慢推针。

⑩ 缝至拐角时从手缝夹皮器回到皮革面，以相同方法缝到最后一个孔。

⑪ 穿过最后一个孔后，将朝外方向的针往回穿，这样针脚很自然地分成了双层。

⑫ 将两针穿过各自针脚后打结。

⑬ 使用打火机处理线头。

附注：看不到缝孔怎么办

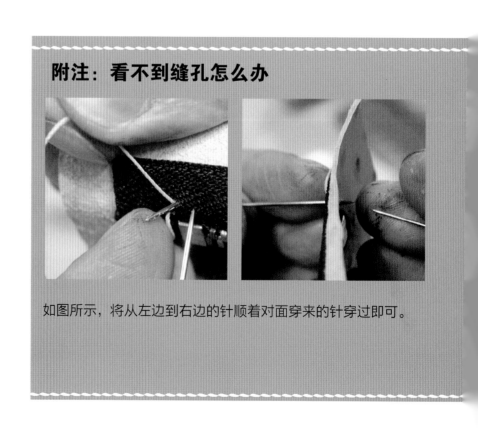

如图所示，将从左边到右边的针顺着对面穿来的针穿过即可。

4. 袋体贴合

① 使用上胶片在皮革边缘涂抹橡皮胶。

② 对准贴合两块皮革。

③ 将纸型放在贴合的皮革上，用银笔绘出转弯弧线。

④ 使用拐角錾沿弧线裁切。

⑤ 使用边线器在贴合好的皮革边缘划基准线。

⑥ 沿基准线打孔。

⑦ 开始缝线。

⑧ 缝完最后一个孔，把针穿过拉链对面方向后打结。

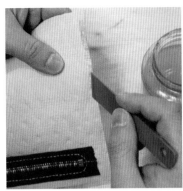
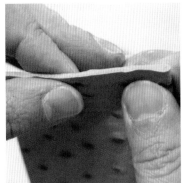

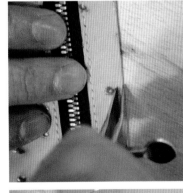
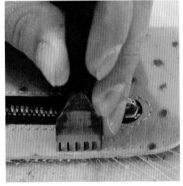
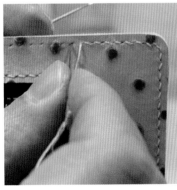
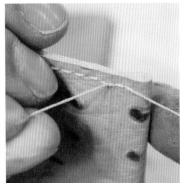

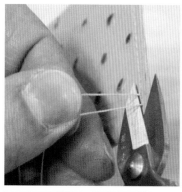
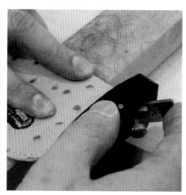

❾ 使用剪刀和打火机处理线头。

❿ 在皮革贴合侧面不平整的情况下，用削皮器处理平整。

⓫ 再用研磨器打磨圆滑。

⓬ 然后在侧面涂抹CMC。

⓭ CMC晾干后，接着涂抹亮光边油，如果用量不够需要继续涂抹，应等亮光边油晾干以后。

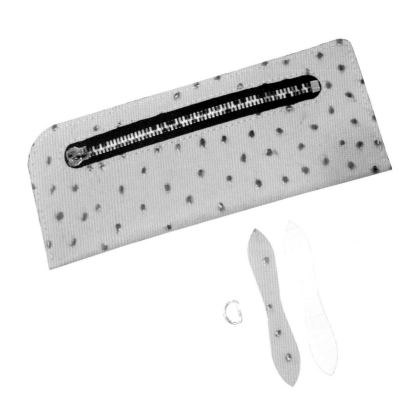

5. 拉链带安装

① 首先在套入 D 环的拉链带中央涂抹亮光边油。

② 亮光边油晾干后,将拉链带套入 D 环。

③ 然后在拉链带两边涂抹橡皮胶。

④ 胶晾后折叠贴合拉链带。

⑤ 使用 2.5mm 圆錾打铆钉孔。

⑥ 使用铆钉专用工具和万用环状台安装固定铆钉。

⑦ 然后在拉链带侧面涂抹亮光边油。

⑧ 将 D 环轻轻推进拉链头,并用小铁锤敲击固定。

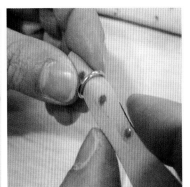

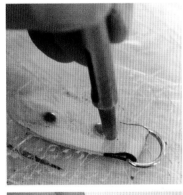

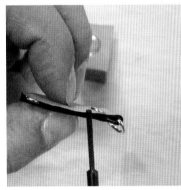
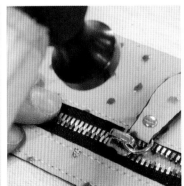

材料和工具：牛皮（植物鞣，2mm）、铅笔、软直尺、钢尺、美工刀、锥子、方格纸、镇尺、裁刀（平口，斜口）、挖沟器、边线器、削边器、玻璃板、透明床面处理剂、木制修边器、间距轮、橡皮胶、上胶片、分离片、菱形锥、软木板、线（20号缝纫线）、线蜡、针、打火机、圆錾（2.5mm）、锤子、铆钉（6mm）、铆钉工具（6mm）、原子扣

主题：学习用裁刀裁切皮革，掌握制作收纳盒的方法。

1. 皮革裁切

❶ 制作纸型。（参考所附纸型）

❷ 使用美工刀裁切纸型。

❸ 将纸型放在皮革上，用锥子描绘原型。

❹ 将裁刀刀刃与划线对齐准备裁切。

❺ 保持刀刃与皮革面垂直，轻轻切割。

❻ 棱角部分用刀刃尖儿切割。

❼ 为了使皮革便于折叠，用挖沟器刻槽。

❽ 将裁切好的皮革放在玻璃板上，用斜口裁刀将皮革边缘削成 45°。

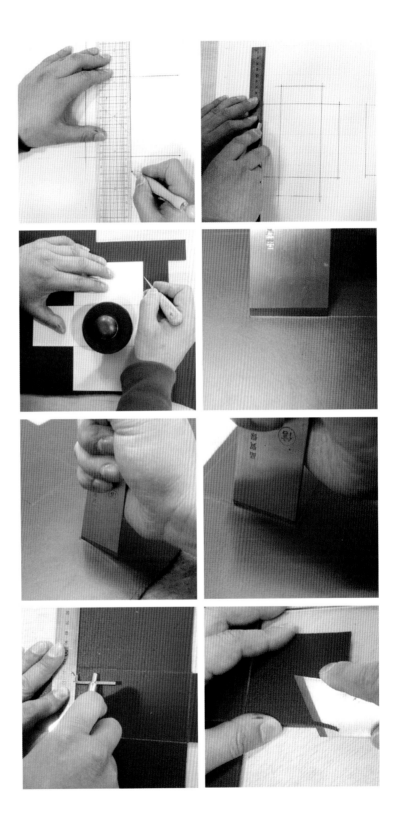

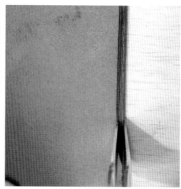
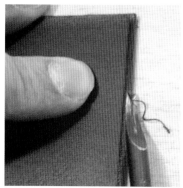

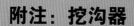

⑨ 将皮革边缘削成 45° 的工具除了斜口裁刀，还有半月刀、美工刀、45° 美工刀，可以选择自己熟悉的工具使用。

⑩ 使用边线器在收纳盒 1 号皮革的入口处划线。

⑪ 再用削边器将入口处的切面修磨平整。

⑫ 接着涂抹透明床面处理剂。

⑬ 然后用木制修边器打磨边缘至光滑。

附注：挖沟器

折叠较厚的皮革时，先用挖沟器（如图）在皮革反面刻槽，折叠起来就比较容易。若没有挖沟器，也可用小刀代替。

2. 盒体贴合

① 使用边线器在收纳盒1号、2号皮革贴合面处划线。

② 使用间距轮标出下锥的位置。

③ 使用上胶片在削为45°的边缘上涂抹橡皮胶。

④ 参照纸型折叠皮革，分离片可以使操作更简便。

⑤ 贴合各个侧面，可用软木板或方形物品辅助操作。

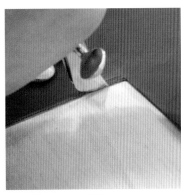

附注：间距轮

间距轮是通过间隔不同的锯齿在皮革面上标注针脚位置的工具。初学者可靠着尺子辅助练习，曲线部分需注意沿缝线慢慢操作。

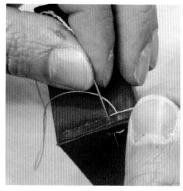
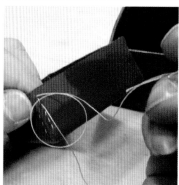

⑥ 准备缝制盒体的菱形锥和软木板（锥板）。

⑦ 将盒体套在软木板上面，用锥子在间距轮标注位置扎孔。

⑧ 将上蜡的线穿过锥眼，使两边等长。

⑨ 从右边开始缝制作业。

⑩ 将从右边穿过的缝线往回拉，再将左边缝线穿过右边，用相同的方法依次进行。

⑪ 缝至最后一个孔后打结并剪去多余的线。

⑫ 使用打火机处理线头。

3. 合页和把手安装

① 比照收纳盒 3 号纸型剪出两个合页。

② 在边缘涂抹床面处理剂。

③ 再用木制修边器打磨边缘至光滑。

④ 对照合页上的铆钉位置，使用圆錾在
　　纸型上打孔。

⑤ 然后把纸型放在将要安装合页的盒盖
　　上，用 2.5mm 圆錾对照打孔。

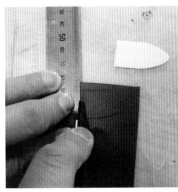

附注：支座

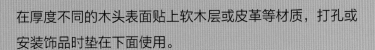

在厚度不同的木头表面贴上软木层或皮革等材质，打孔或
安装饰品时垫在下面使用。

⑥ 对照纸型在合页上标注打孔铆钉位置。

⑦ 使用 2.5mm 圆錾打孔。

⑧ 同时也在盒体上打孔。

⑨ 使用 6mm 铆钉在盒盖上安装合页。

⑩ 再与盒体处连接。

⑪ 然后在盒盖中间打孔。

⑫ 最后完成安装原子扣的操作。

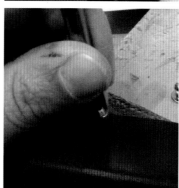

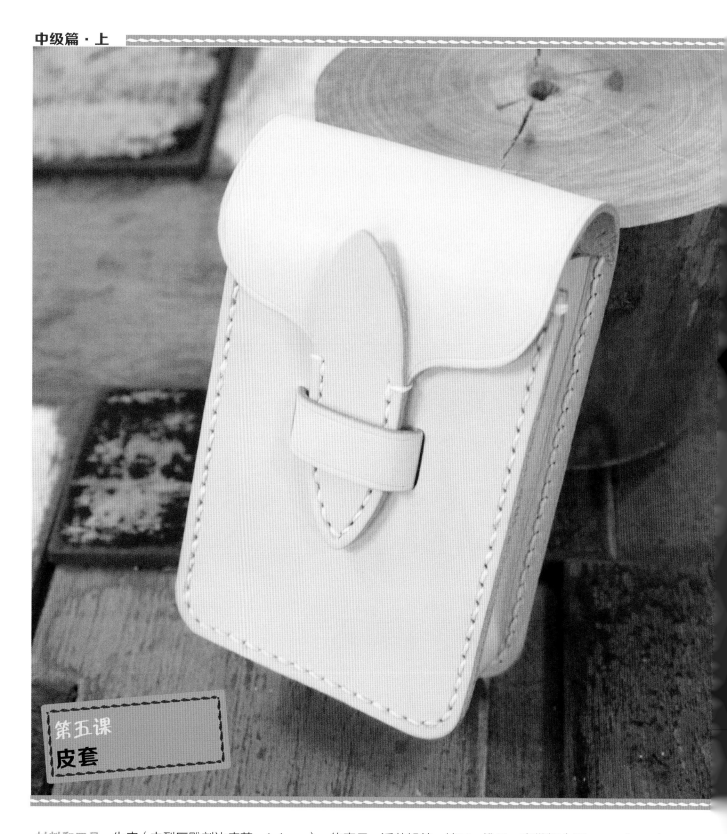

第五课
皮套

材料和工具：牛皮（夫烈区雕刻边皮革，1.4mm）、软直尺、活芯铅笔、镇尺、锥子、皮带錾（12mm×2mm）、CMC、边线器、木制修边器、橡皮胶、上胶片、挖沟器、菱形锥、錾子（双錾，六錾）、3 缕苎麻线、针、削薄刀、锤子、尺子、荧光笔、美工刀、软木板、剪刀、打火机、分离片、削皮器、削边器、研磨器

主题：学习制作有立体感的皮套，用皮革代替金属制作锁扣。

1. 皮革裁切

① 制作纸型。（参考所附纸型）

② 在各纸型上标出名称和号码。

③ 组合各纸型确认安装锁扣的位置。

④ 将纸型放在皮革上并用镇尺固定，用锥子描绘原型。

⑤ 使用皮带錾在皮套 1 号皮革的锁扣部位打孔。

⑥ 在裁切好的各块皮革反面涂抹 CMC。

⑦ 使用边线器在袋口位置划线。

⑧ 侧面涂抹 CMC 后用木制修边器打磨光滑。

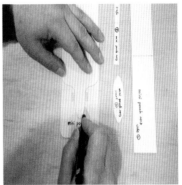
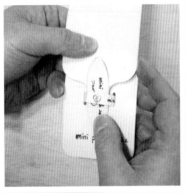
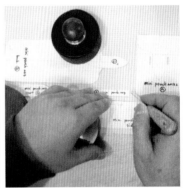

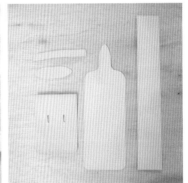
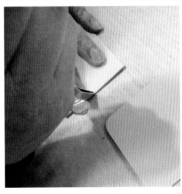

2. 锁扣贴合

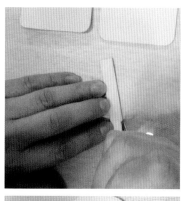 

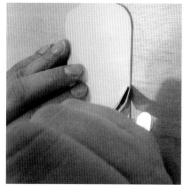 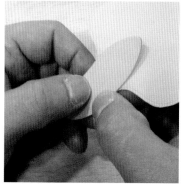

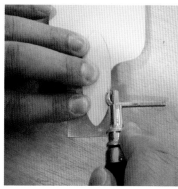 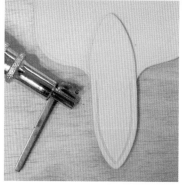

 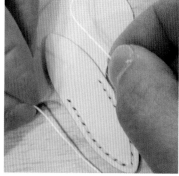

❶ 使用边线器在 5 号皮革上划装饰线。

❷ 在将要贴合一起的 2 号皮革的束带位置和 4 号皮革上的贴合位置涂抹橡皮胶。

❸ 使用边线器在 2 号皮革的边缘划装饰线。

❹ 贴合 2 号、4 号皮革，注意不要出现错层。

❺ 缝制 2 号、4 号皮革的贴合位置前用挖沟器刻出缝线的槽。

❻ 如图所示为刻槽效果图。

❼ 沿刻槽打孔，曲线处需用双錾。

❽ 根据缝制距离准备缝线。

⑨ 在缝制区间的侧面涂抹 CMC 后用木制修边器打磨边缘。

⑩ 在第一个缝孔向外做两次拱针后开始缝制。

⑪ 缝完最后一个缝孔后做两次拱针，然后把线推进反面的针脚内打结。

⑫ 完成示意图，由于用挖沟器刻槽，线在槽内很服帖。

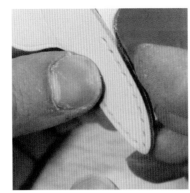
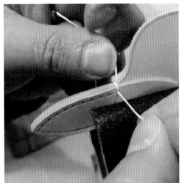

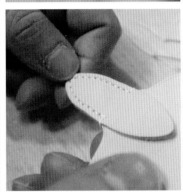

附注：如何用粗线穿针

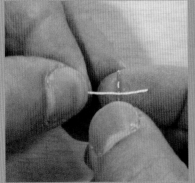
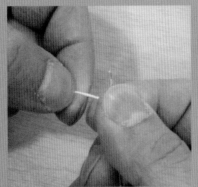
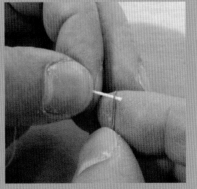

用 3 缕苎麻线、4 缕苎麻线等粗线穿针时，首先轻轻按压并拉拽使之呈扁平形态，这时穿引就会比较容易。

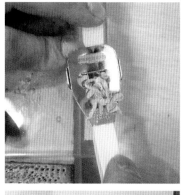
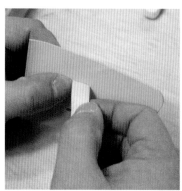
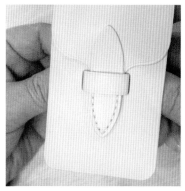
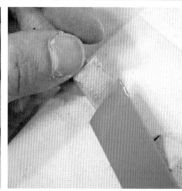
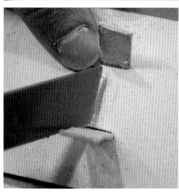
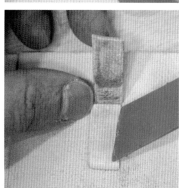
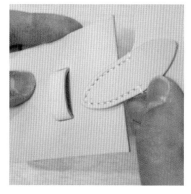

⑬ 使用削薄刀把 5 号皮革的两端削成斜角。

⑭ 将束带（5 号皮革）穿入 1 号皮革的孔内。

⑮ 如图所示调整束带两端的长度一致。

⑯ 使用上胶片在束带反面涂抹橡皮胶。

⑰ 1 号皮革反面与束带贴合的位置也涂抹橡皮胶。

⑱ 贴合束带的一端后涂抹胶水再贴合另一端。

⑲ 贴合完毕后抽出 2 号、4 号皮革。

3. 包体正面和侧面贴合

❶ 削薄刀刀刃微微向外倾斜，把 3 号皮革的折边部分削薄。

❷ 使用边线器在反面划出约 5mm 宽的折叠线条。

❸ 沿线条折叠。

❹ 使用小铁锤轻轻敲击固定折边。

❺ 在 3 号纸型上标出 1 号纸型的拐角位置。

❻ 借助纸型标出 3 号皮革面的中间点以及两边的拐角点。

❼ 同样地借助纸型在 1 号皮革的反面标出中间点。

❽ 使用挖沟器刻出缝线的槽。

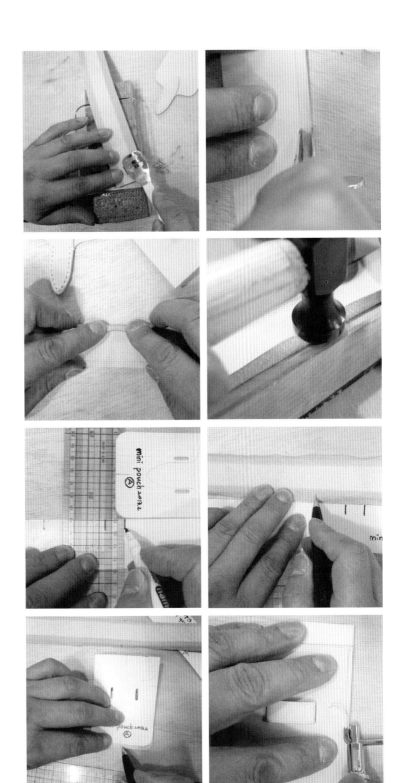

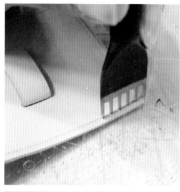 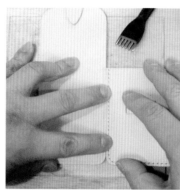

 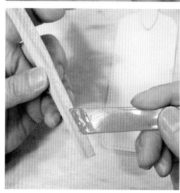

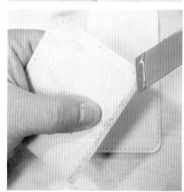 

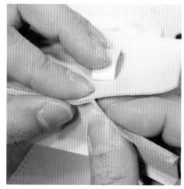 

⑨ 錾子外侧抵住划线中间，轻压出痕迹确认第一个打孔位置。

⑩ 将1、2号皮革靠在一起标出打錾起始位置。

⑪ 从2号皮革上标记的位置开始打孔。

⑫ 在3号皮革的折边部位涂抹橡皮胶。

⑬ 在2号皮革的折边部位也涂抹橡皮胶。

⑭ 对准事先标记的中间点后贴合2、3号皮革。

⑮ 注意不要出现错层。

⑯ 贴合后用美工刀切去3号皮革的多余部分。

⑰ 然后将皮革放在软木板上，用菱形锥沿 2 号皮革的缝孔钻孔至皮革的另一面，注意不要倾斜菱形锥。

⑱ 在第一个缝孔向外做两次拱针后开始缝制。

⑲ 以起头回针的方式按顺序进行。

⑳ 缝完最后一个缝孔后向外做两次拱针，再把线推进针脚内打结。

㉑ 使用美工刀和打火机做收尾处理。

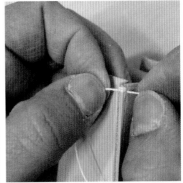
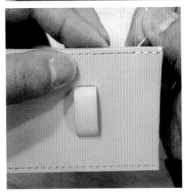
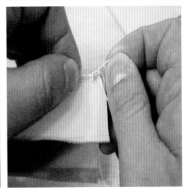
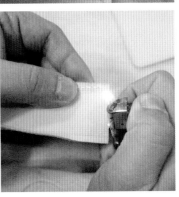

附注：如何缝粗线

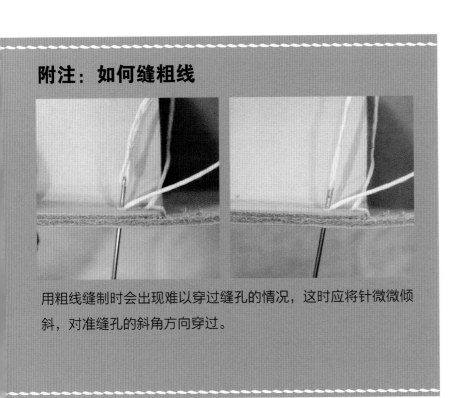

用粗线缝制时会出现难以穿过缝孔的情况，这时应将针微微倾斜，对准缝孔的斜角方向穿过。

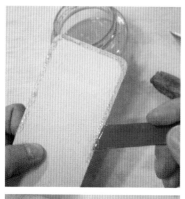
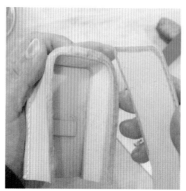

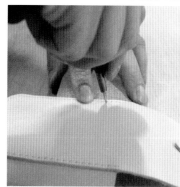
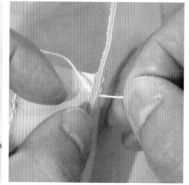
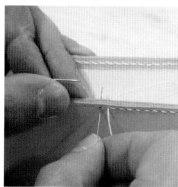
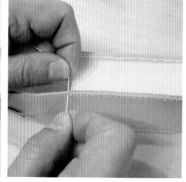

4. 包体反面和侧面贴合

❶ 在 2 号皮革的折边部分和 3 号皮革贴合部分涂抹橡皮胶。

❷ 稍晾后确认两皮革面的中间点。

❸ 贴合 2、3 号皮革，注意不要出现错层。

❹ 使用分离片固定拐角处。

❺ 参照 3-❶ 的方式用菱形锥沿 3 号皮革的缝孔钻孔至皮革的另一面。

❻ 保持适度的张力，从第一个缝孔开始缝制。

❼ 按缝孔顺序依次进行。

❽ 缝完最后一个孔后把反面引出的线回缝一次做加强。

⑨ 然后把两边引出的线各自塞进最后一个针脚并打结，用剪刀剪去多余的线。

⑩ 使用削皮器和研磨器除去错层部分。

⑪ 再用削边器进一步修磨边缘。

⑫ 整理完侧面后涂抹 CMC 并用木制修边器打磨至光滑。

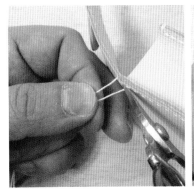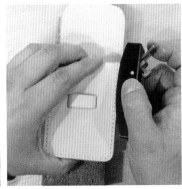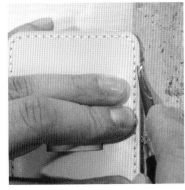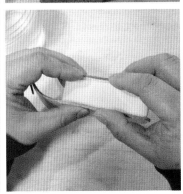

附注：预防针脚松动的方法

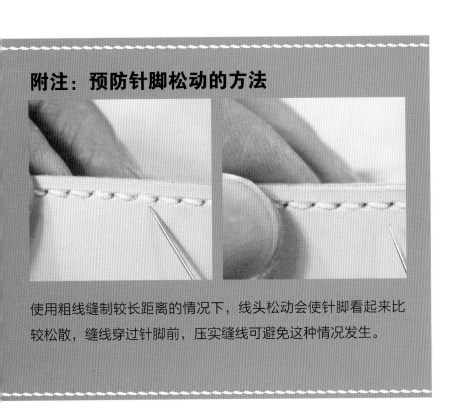

使用粗线缝制较长距离的情况下，线头松动会使针脚看起来比较松散，缝线穿过针脚前，压实缝线可避免这种情况发生。

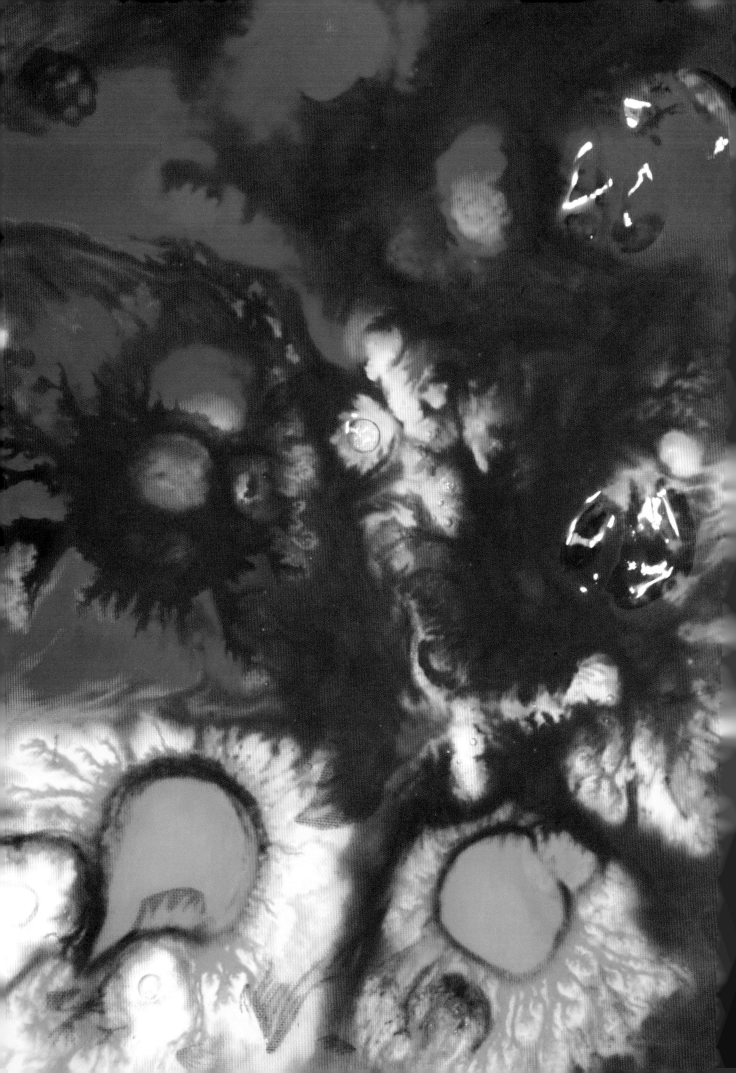

第四章
中级篇·下（染色操作）

第一课
长方形零钱包

材料和工具： 牛皮（夫烈区雕刻边皮革，1.4mm）、方格纸、软直尺、直角尺、圆锥、钢尺、美工刀、镇尺、油性染料（黄色，褐色）、棉手套、塑料手套、边线器、锤子、錾子（双錾，六錾）、橡皮胶、上胶片、线、针、菱形锥、软木板、圆錾（2.5mm，4mm）、四合扣（10mm）、冲纽器（10mm）

主题： 学习基本的染色操作。

1. 皮革裁切和染色

① 在方格纸上制作纸型。（参考所附纸型）

② 裁切纸型。

③ 将纸型放在皮革上，用圆锥描绘原型。

④ 使用美工刀裁切皮革。

⑤ 准备好油性染料，戴上塑料手套后再戴上棉手套。

⑥ 指尖蘸少许黄色染料，调节好颜色深浅后涂抹在皮革上。

⑦ 涂满整个皮革。

⑧ 换一只棉手套蘸少许褐色染料涂抹在皮革侧面。

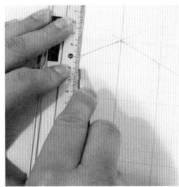

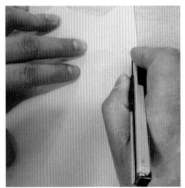
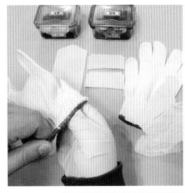
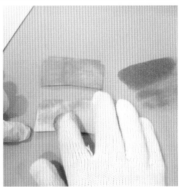
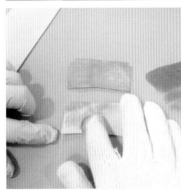

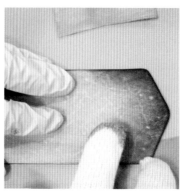

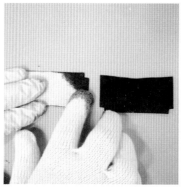
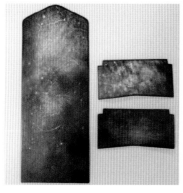

⑨ 指尖剩余的染料按照与 ⑥ 相同的方法涂在皮革面上。

⑩ 最好能涂抹出层次效果。

⑪ 其他皮革同上。

⑫ 然后在所有皮革的反面涂抹深颜色的褐色染料。

⑬ 皮革正面示意图。

⑭ 皮革反面示意图。

2. 包体贴合

1. 使用边线器在钱包 1 号皮革的边缘划线。

2. 参照纸型折叠各边。

3. 皮革较厚时借助小铁锤可轻易完成折叠。

4. 沿划线打孔。

5. 拐角处换用双錾。

6. 按顺序依次完成打孔作业。

7. 贴合前参照纸型确认贴合面。

8. 使用上胶片在 2 号皮革的贴合部位涂抹橡皮胶。

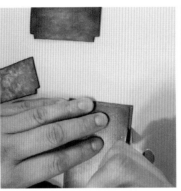

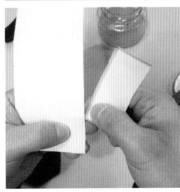

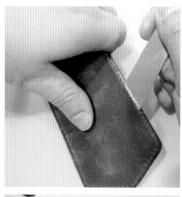
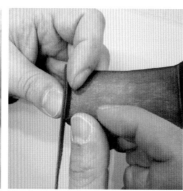

⑨ 1号皮革的贴合部位也涂抹橡皮胶。

⑩ 贴合1、2号皮革，注意不要出现错层。

⑪ 图示底边贴合部位不要出现接缝。

⑫ 另一侧贴合。

⑬ 折叠贴合后的皮革大致摆出钱包的样子。

⑭ 目测四合扣安装位置。

3. 包体缝制和四合扣安装

1. 借助纸型测定缝制距离，准备 3 倍于缝制距离的缝线。

2. 使用菱形锥沿 1 号皮革的缝孔钻孔至皮革另一面。

3. 从图示的拐角处开始缝制作业。

4. 以起头回针的方式依次进行。

5. 拐角部位从皮革缝隙中间穿针缝制。

6. 缝制过程中应用力均匀。

7. 袋口末端向外做两次拱针。

8. 然后将引出的针再次推进皮革缝隙中间。

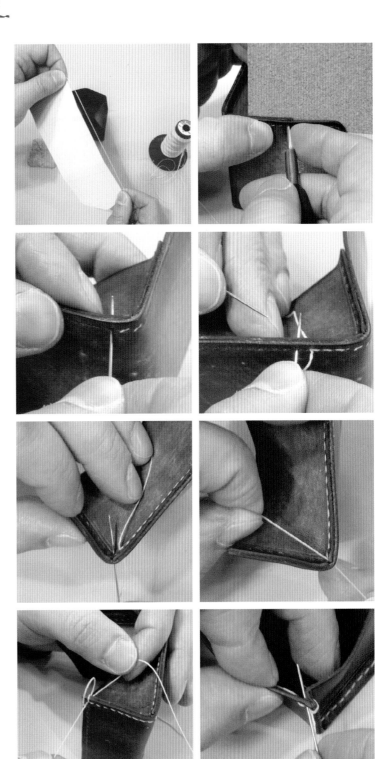

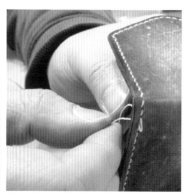
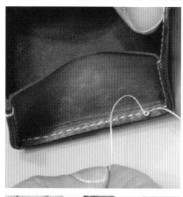

⑨ 接着下一缝孔继续进行。

⑩ 缝完最后一个缝孔后做一次回针。

⑪ 再把线分别推进左右两个针脚内并打结。

⑫ 使用 4mm 圆錾打上扣孔。

⑬ 折叠皮革，标出下扣孔。

⑭ 在标记处用 2.5mm 圆錾打下扣孔。

⑮ 使用冲纽器安装上扣。

⑯ 以相同的方法在袋口处安装下扣。

第二课
腰带

材料和工具: 牛皮（夫烈区雕刻边皮革，2.5mm）、方格纸、软直尺、皮带錾（22mm×4mm）、圆錾（4mm）、束带裁刀、十字螺丝刀、钢尺、美工刀、喷雾器、水、印花工具（V407 号）、锤子、边线器、腰带扣、CMC、木制修边器、铆钉、削边器、油性染料（褐色）、棉手套、塑料手套、棉签、锥子、TR 錾、TR 铆钉

主题: 使用印花工具打印花纹，学习制作腰带。

1. 纸型制作和皮革裁切

① 在方格纸上制作纸型。

② 先用皮带錾标出腰带扣位置，再用圆錾打孔。（参考所附纸型）

③ 准备好皮革和束带裁刀。

④ 使用十字螺丝刀取下束带裁刀的螺钉。

⑤ 放入刀刃。

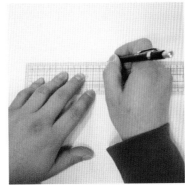

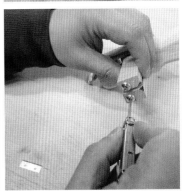
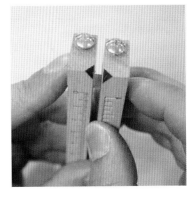

附注：各种束带裁刀

根据皮革宽度制作出了各种束带裁刀，木制束带裁刀适用于裁切腰带或者皮包手提带等较宽的皮革。

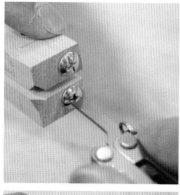

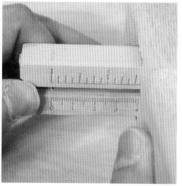

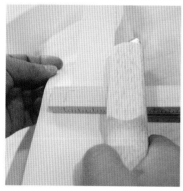
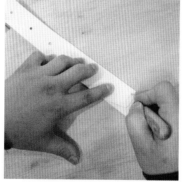
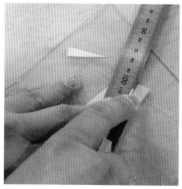

⑥ 拧紧螺钉固定刀刃。

⑦ 将要裁切的皮革反面朝上放入夹缝以调整间距。

⑧ 根据裁切皮革的宽度调整刻度线。

⑨ 再锁死中间的固定刀刃。

⑩ 裁切皮革。

⑪ 将纸型放在裁切下来的皮革上，用锥子描出腰带头位置。

⑫ 借助钢尺裁切做好标记的皮革。

2. 印花和腰带环制作

① 使用喷雾器在皮革面上喷水。

② 使用边线器沿边缘划线。

③ 准备好 V407 号印花工具开始印花作业。

④ 将印花工具放在腰带头位置，用木锤击打的方式打印花纹。

⑤ 以第一个花纹为中心接续进行。

⑥ 花纹须紧贴划线。

⑦ 另一侧打印。

⑧ 参照纸型用锥子标出腰带眼。

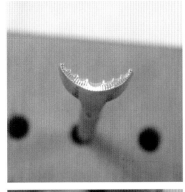
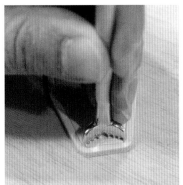

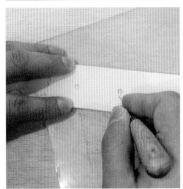

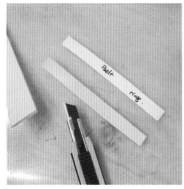
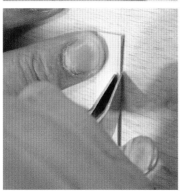

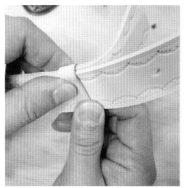

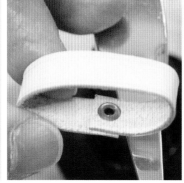

⑨ 然后用圆錾打孔。

⑩ 参照纸型用皮带錾打腰带扣的孔。

⑪ 裁切腰带环。

⑫ 使用边线器沿腰带环边缘划线。

⑬ 侧面涂抹 CMC 后用木制修边器打磨光滑。

⑭ 用腰带环套住折叠为两股的腰带后标出所需长度。

⑮ 在腰带环重合部分打铆钉孔。

⑯ 安装铆钉。

3. 染色和 TR 铆钉安装

① 使用削边器修整腰带侧面至圆滑。

② 戴上棉手套在整理好的腰带侧面涂抹褐色油性染料。

③ 正面涂抹。

④ 反面涂抹。

⑤ 然后换戴一只干净手套揉搓侧面至光滑。

⑥ 棉签上蘸少许染料对腰带眼染色。

⑦ 腰带扣位置染色。

⑧ 腰带环侧面染色。

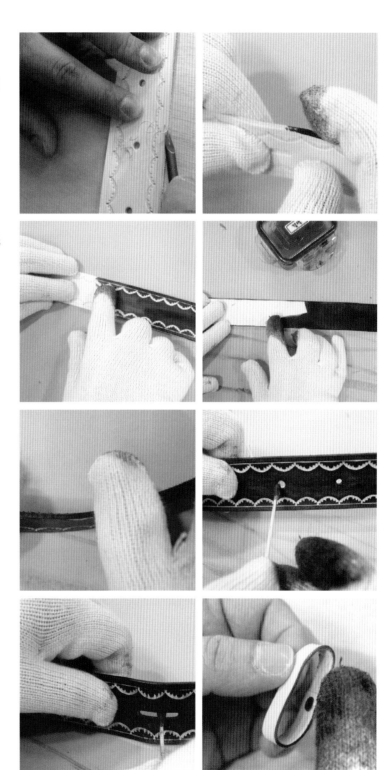

9 腰带扣放入后标出 TR 铆钉的位置。

10 使用圆錾在标记处打孔。

11 使用 TR 錾安装 TR 铆钉。

12 套入腰带环再在另一侧标出 TR 铆钉
位置。

 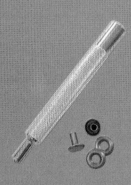

13 以相同的方法安装 TR 铆钉。

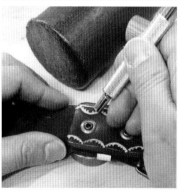

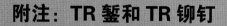

附注：TR 錾和 TR 铆钉

铆钉分为单面铆钉、TR 垫圈、双面铆钉等几种，TR 铆钉比普通铆钉有更高的强度，一般用于包包提手或束带等位置的安装。其中呈环状的 TR 垫圈强度最高。

每个印花工具都对应一种印花图案，同一个印花工具使用角度不同，打印出来的图案也不同。

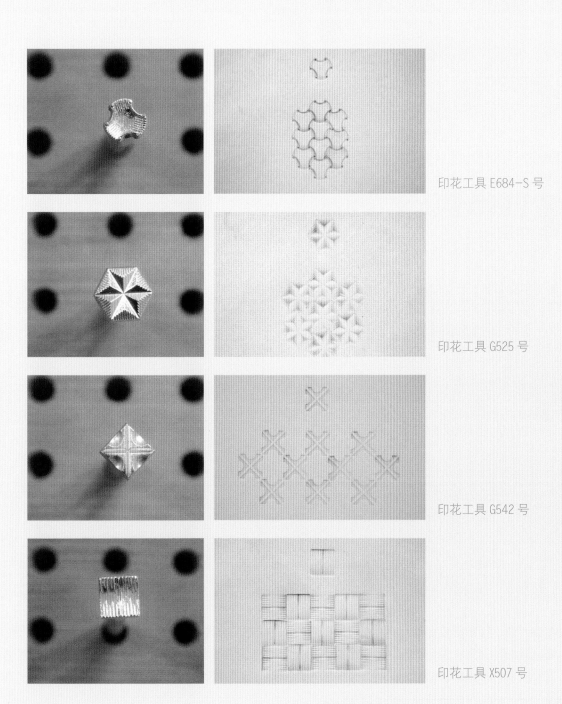

印花工具 E684-S 号

印花工具 G525 号

印花工具 G542 号

印花工具 X507 号

材料和工具：牛皮（夫烈区雕刻边皮革，1.4mm）、方格纸、直角尺、软直尺、钢尺、美工刀、镇尺、锥子、锤子、油性染料（多色）、快速防染剂、毛刷、盘子、塑料手套、棉手套、橡皮胶、上胶片、去胶片、錾子（六錾，双錾）、针、合成线（20 号缝纫线）、线蜡、拐角錾、边线器、砂棒、分离片

主题：学习用防染剂制作护照包。

1. 皮革裁切和染色

① 测量护照尺寸后在方格纸上制作纸型。
（参考所附纸型）

② 作品组成部分较多时最好事先在纸型上
做上标记。

③ 将纸型放在皮革上并用镇尺固定，用锥
子描绘原型。

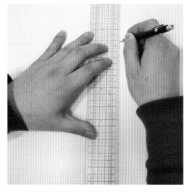
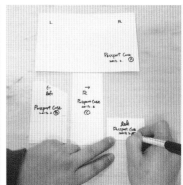

④ 参照纸型上所做标记组合裁切的各部分
皮革，确定接下来的制作顺序。

⑤ 先后戴上塑料手套和棉手套，指尖蘸少
许染料后均匀涂抹在护照包 1 号皮革的
正面。

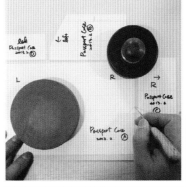
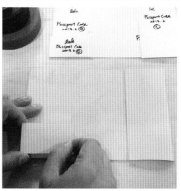

⑥ 将皮革竖放再涂抹一次。

⑦ 将防染剂倒入盘子内。

⑧ 毛刷蘸少许防染剂以轻触的方式刷在染
色的皮革面上。

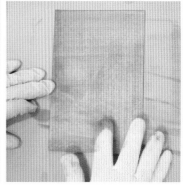

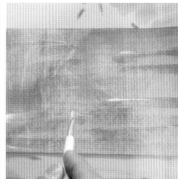

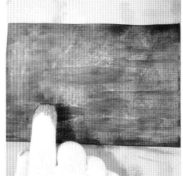
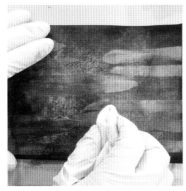
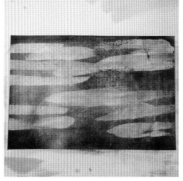

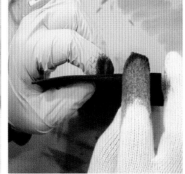

⑨ 晾干后再涂抹一层其他颜色的染料。

⑩ 注意有防染剂的部位不要用力过猛。

⑪ 再均匀地涂抹一层颜色较重的染料。

⑫ 有防染剂的周围要着重染色。

⑬ 然后用棉手套抹擦刷有防染剂的部位。

⑭ 戴上棉手套揉搓皮革面至出现光泽。

⑮ 皮革反面染色。

⑯ 皮革侧面染色。

⑰ 在 2、3、4 号皮革上分别涂抹一层亮色染料。

⑱ 再分别涂抹一层较重颜色的染料。

⑲ 戴上棉手套轻轻揉搓至出现光泽。

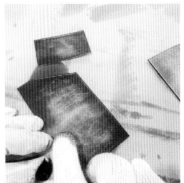

附注：皮革面染色

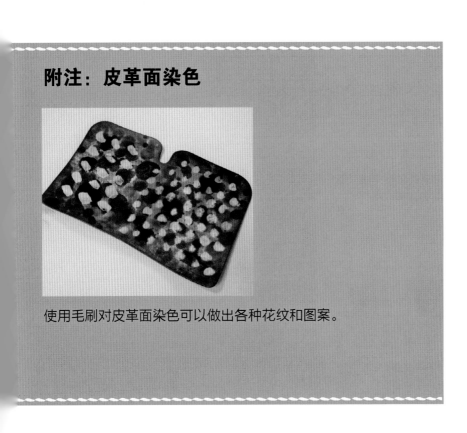

使用毛刷对皮革面染色可以做出各种花纹和图案。

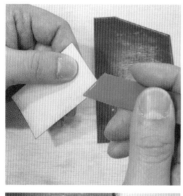
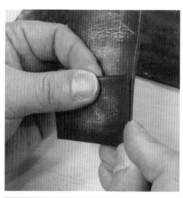
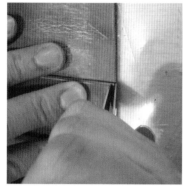
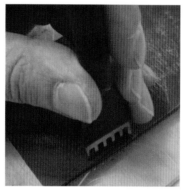
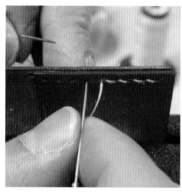
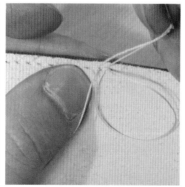
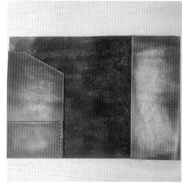
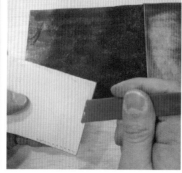

2. 包体贴合

❶ 在 3、4 号皮革的贴合部位涂抹橡皮胶后稍晾。须注意内面和上端不能涂抹胶水。

❷ 贴合皮革。

❸ 使用边线器在皮革的边缘划线。

❹ 沿划线打孔。

❺ 合成线上蜡后进行缝制作业。

❻ 缝完最后一个孔后回针，再把线推进针脚左右两边并打结。

❼ 对整个包体进行缝制前，先组合各部分皮革，标出需要贴合的部位。

❽ 使用上胶片对需要贴合的部位上胶。

⑨ 贴合各部分皮革，注意不要出现错层。

⑩ 使用拐角錾切去各个棱角。

⑪ 使用边线器在 1 号皮革的正面划线。

⑫ 使用多余的边料垫平皮革面。

⑬ 沿 1 号皮革的划线打孔。

⑭ 从袋口处开始缝线。

⑮ 沿缝孔方向依次进行。

⑯ 缝完最后一个孔后穿针至皮革反面。

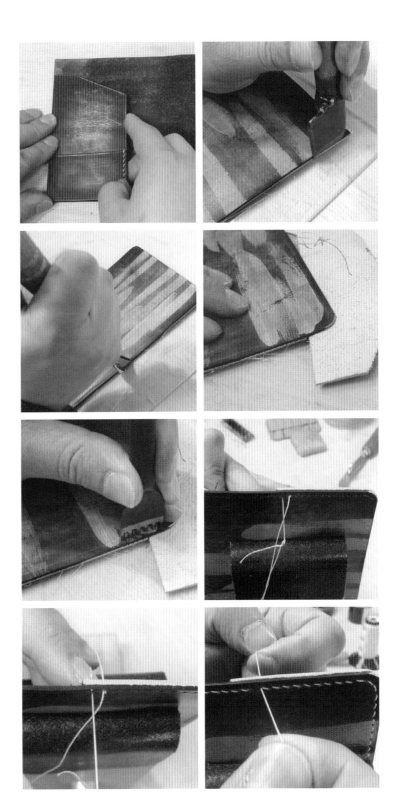

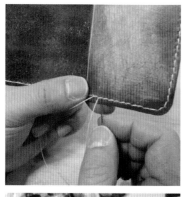

⑰ 将引出的线推进针脚左右两边并打结。

⑱ 使用砂棒修磨包的侧面。

⑲ 然后涂抹染料。

⑳ 使用分离片除去粘在内面的橡皮胶。

㉑ 折叠护照包并用分离片压实。

第四课
拉链卡包

材料和工具： 牛皮（夫烈区雕刻边皮革，1.4mm）、方格纸、云形尺、直角尺、软直尺、钢尺、锥子、镇尺、美
工刀、拐角錾、锤子、油性染料（黄色、橘黄色、蓝色）、棉手套、塑料手套、加热器、木蜡或白蜡、
容器、拉链（5号）、拉链头（5号）、D环、拉链阻（5号）、万用环状台、平钳、铃钳、剪刀、
双面胶（3mm）、边线器、錾子（六錾，双錾）、针、线（20号缝纫线）、线蜡

主题： 学习用木蜡或白蜡进行蜡染工艺，制作拉链卡包。

1. 皮革裁切和染色

❶ 在方格纸上制作纸型。（参考所附纸型）

❷ 将纸型放在皮革上，用锥子描绘原型。

❸ 借助钢尺用美工刀裁切皮革。

❹ 使用拐角錾切去袋口处的棱角。

❺ 先后戴上棉手套和塑料手套涂抹亮色染料。

❻ 再涂一层中间色的染料。

❼ 准备好木蜡或白蜡以及容器。

❽ 将蜡放进容器，用加热器融化。

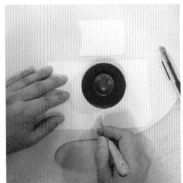
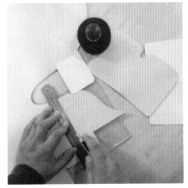

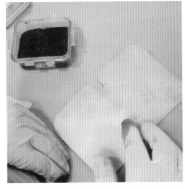
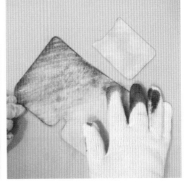

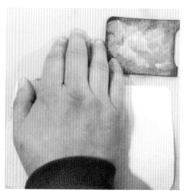

⑨ 将液态的蜡倒在染色的皮革上。

⑩ 蜡变硬后将皮革反面朝上，用手掌轻轻揉搓至蜡出现裂缝。

⑪ 然后洒上各种较重颜色的染料。

⑫ 戴上棉手套对皮革轮廓部分染色。

⑬ 侧面染色。

⑭ 去蜡。步骤 ⑨ 中事先洒水再上蜡的话更易去蜡。

⑮ 使用棉手套除去残留的蜡。

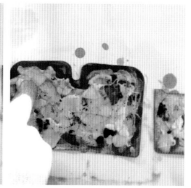

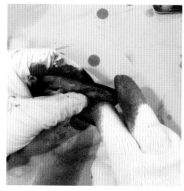

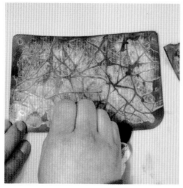

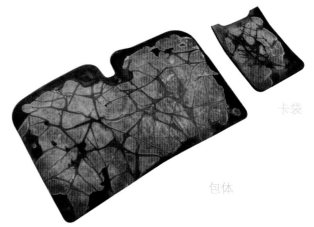

卡袋

包体

2. 卡袋贴合

① 对照 1 号皮革轮廓的长度剪裁拉链。(参考作品尺寸)

② 在 1、2 号皮革的反面粘贴双面胶。

③ 将 2 号皮革贴合在 1 号皮革的正面。

④ 使用边线器在 2 号皮革上划线。

⑤ 沿划线打孔。

⑥ 准备 4 倍于缝制距离的线，以起头回针的方式开始缝制。

⑦ 依次缝至最后一个孔后收尾处理。

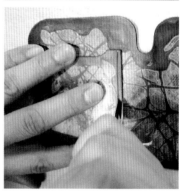
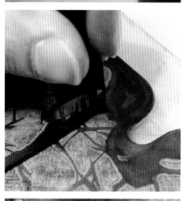

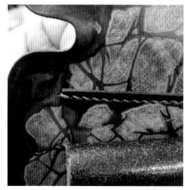

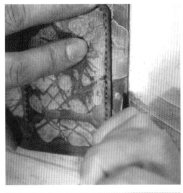

3. 拉链安装

① 事先用边线器在安装拉链的皮革面上划线。

② 使用双面胶贴合拉链和皮革面。

③ 去掉拉链末端拉链阻位置处的链齿。

④ 相应地去掉对面的链齿。

⑤ 沿划线打孔。

⑥ 准备 3.5 倍于缝制距离的线，以起头回针的方式开始缝制。

⑦ 缝制拐角处时需慢慢进行。

⑧ 缝完后加进拉链头。

⑨ 使用平钳在拉链末端安装 X 形拉链阻。

⑩ 使用小铁锤敲击固定 X 形拉链阻。

⑪ 另一边末端也安装上拉链阻。

⑫ 揭下 1 号皮革底面的双面胶封皮贴合底面。

⑬ 将拉链末端折成三角形塞进去。

⑭ 沿 1 号皮革划线打孔。

⑮ 第一个缝孔处做两次拱针后开始缝制。

⑯ 缝完最后一个孔后再做两次拱针。

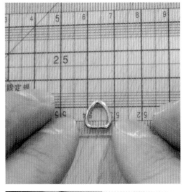
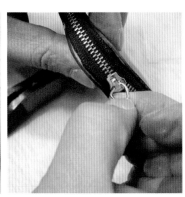

⑰ 测定 D 环的内径。

⑱ 将 D 环套入拉链头内。

⑲ 使用铃钳压固小块皮革包住的拉链头。

⑳ 使用美工刀从染色的边角料上裁切用于 D 环的提手。

㉑ 将提手套入 D 环后，用双面胶贴合重合的部分。

㉒ 在重合的部分打孔。

㉓ 沿缝孔缝线。

㉔ 依次进行后完成。

第五课
大理石纹染色钱包

材料和工具： 牛皮（夫烈区雕刻边皮革，1.4mm）、方格纸、圆形尺、直角尺、云形尺、软直尺、钢尺、锥子、
镇尺、美工刀、油性染料（多色）、托盘、CMC、塑料手套、棉手套、报纸、拐角錾、圆錾（20mm）、
边线器、橡皮胶、上胶片、滚轮、木制修边器、錾子（双錾，六錾）、针、合成线（20号缝纫线）、
线蜡、剪刀、打火机、锤子、削皮器、砂棒

主题： 学习用大理石纹染色法制作钱包。

1. 皮革裁切和染色

① 在方格纸上制作纸型。（参考所附纸型）

② 剪切纸型并做标记。

③ 组合纸型确定制作顺序。

④ 将纸型放在皮革上用锥子描绘原型。

⑤ 沿划线裁切皮革。

⑥ 准备好油性染料、CMC 和托盘。

⑦ 把 CMC 倒进托盘内。

⑧ 滴几滴染料做出花纹。

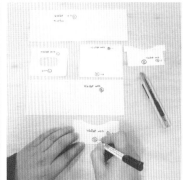

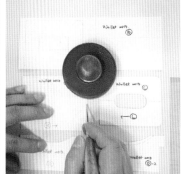
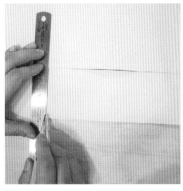

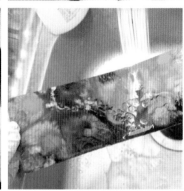
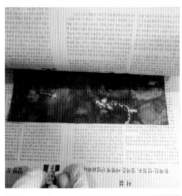

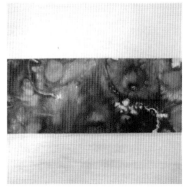

⑨ 再滴几滴其他颜色的染料。

⑩ 重复此操作至出现一定的花纹图案。

⑪ 用做好的花纹染料沾染 1 号皮革的正面。

⑫ 用 流 水 冲 洗 皮 革 表 面 的 染 料 和 CMC。

⑬ 用报纸包住皮革吸收水分。

⑭ 轻轻揉搓后用镇尺压住折叠的报纸。

⑮ 充分吸收水分后晾干。

2. 卡袋制作

① 使用拐角錾切去 6 号皮革的棱角部分。

② 将 6 号纸型放在 2 号纸型上，用锥子标出贴合位置。

③ 将标记过的 2 号纸型放在 2 号皮革上，标出卡袋位置。

④ 使用边线器在两层皮革的贴合面边缘划线。

⑤ 使用上胶片在两层皮革的贴合面边缘涂抹橡皮胶，稍晾。

⑥ 贴合两层皮革并用滚轮压固。

⑦ 参照纸型确定右侧卡袋的顺序和贴合位置。

⑧ 使用边线器在 4、5 号皮革的袋口处划线。

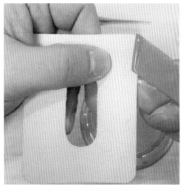 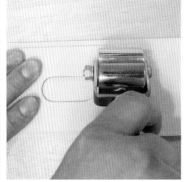

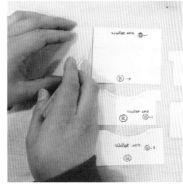 

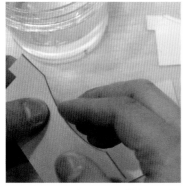

⑨ 在袋口处涂抹 CMC。

⑩ 再用木制修边器打磨光滑。

⑪ 使用上胶片在 3、4 号皮革的贴合面边缘涂抹橡皮胶。

⑫ 贴合两层皮革并用滚轮压固。

⑬ 在卡袋下端的中间部分打孔。

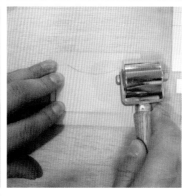

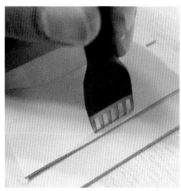

附注：贴合多层皮革时 T 字裁切

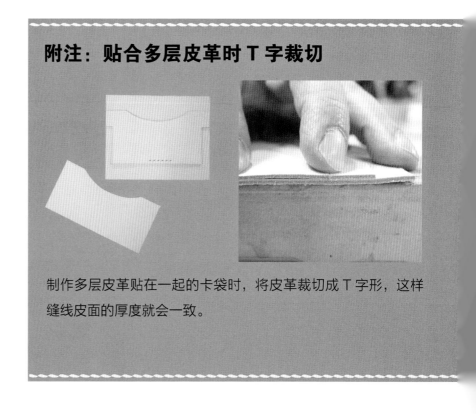

制作多层皮革贴在一起的卡袋时，将皮革裁切成 T 字形，这样缝线皮面的厚度就会一致。

⑭ 以起头回针的方式沿缝孔缝线。

⑮ 使用上胶片在 3、5 号皮革的贴合面边缘涂抹橡皮胶。

⑯ 贴合两层皮革。

⑰ 使用边线器在右侧卡袋的左边划线。

⑱ 多层皮革贴在一起较厚的情况下，錾子须垂直打孔。

⑲ 以起头回针的方式沿右侧卡袋左边的缝孔缝线。

⑳ 缝完最后一个孔后收尾处理。

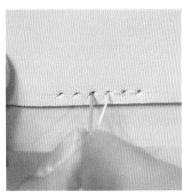

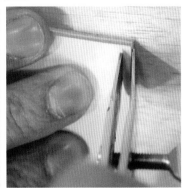
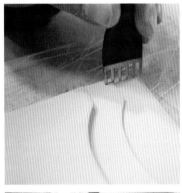

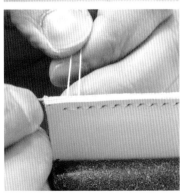

3. 卡袋贴合

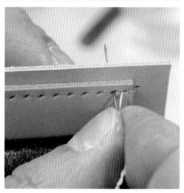

❶ 使用边线器在 5 号皮革上划线。

❷ 沿划线打孔。

❸ 第一个缝孔处做两次拱针后以起头回针的方式进行缝制。

❹ 在 2、3 号皮革的三处贴合位置涂抹橡皮胶。

❺ 晾后贴合,注意不要出现错层。

❻ 使用边线器在 2 号皮革的上端划线并打孔。

❼ 以起头回针的方式进行缝制。

*2,3 步骤完成示意图（161~164 页）

4. 其他部位贴合

① 戴上棉手套轻轻揉搓染过色的 1 号皮革的正面至光滑。

② 使用拐角錾切去棱角部分。

③ 参照纸型标出需贴合的皮革面。

④ 在 1、2 号皮革的贴合面上涂抹橡皮胶。

⑤ 除去中间折叠部分，贴合两号皮革。

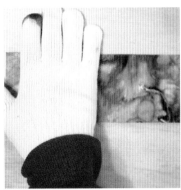 

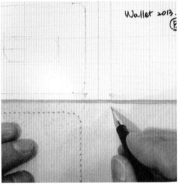 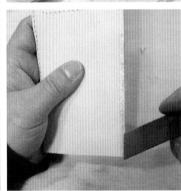

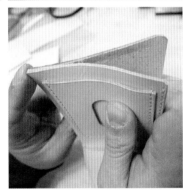

附注：厚度不均匀时

皮革厚度不均匀难以打孔或裁切时，可用小块皮革调整厚度，这样用錾作业时就会相对容易。同样的道理适用于边线器划线。

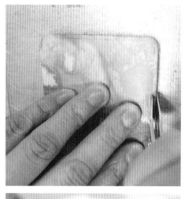

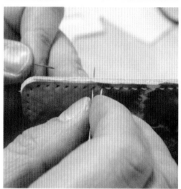

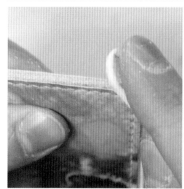
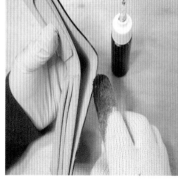

⑥ 使用边线器在染色的 1 号皮革正面的边缘划线。

⑦ 沿划线打孔。可用小块皮革调整厚度。

⑧ 从第一缝孔处开始以起头回针的方式进行缝制。

⑨ 在正面缝制的过程中反面同时进行。

⑩ 在钱包反面最后一个缝孔处打结并用打火机处理线头。

⑪ 使用削皮器除掉错层。

⑫ 再用砂棒打磨边缘。

⑬ 最后涂抹染料。

第五章 ————————————————————————————

高级篇

**第一课
男士托特包**

材料和工具： 牛皮（植物鞣皮革，2mm）、牛皮（植物鞣皮革，2.5mm）、油性皮革（植物鞣皮革，1.2mm）、方格纸、直角尺、软直尺、圆形尺、钢尺、美工刀、锥子、银笔、镇尺、拐角錾、边线器、橡皮胶、上胶片、分离片、錾子（双錾，六錾）、针、线（4缕苎麻线，红色）、剪刀、打火机、削薄刀、床面处理剂（褐色）、木制修边器、削边器、缓冲板、束带裁刀、锤子、圆錾（2.5mm）、铆钉（10mm）、冲纽器（10mm）、万用环状台

主题： 通过连接底面和左右侧面制作托特包。

1. 皮革裁切和口袋贴合

❶ 在方格纸上制作纸型。（参考所附纸型）

❷ 剪切纸型。

❸ 参照作品组合纸型，对尺寸不合适的地方进行调整。

❹ 在 1 号纸型上描出口袋位置。

❺ 组合 2、3 号纸型，据此测量底面长度。

❻ 将纸型放在皮革上，用锥子描绘原型。

❼ 借助钢尺用美工刀裁切皮革。

❽ 参照 1 号纸型，用银笔在油性皮革上描出口袋原型。

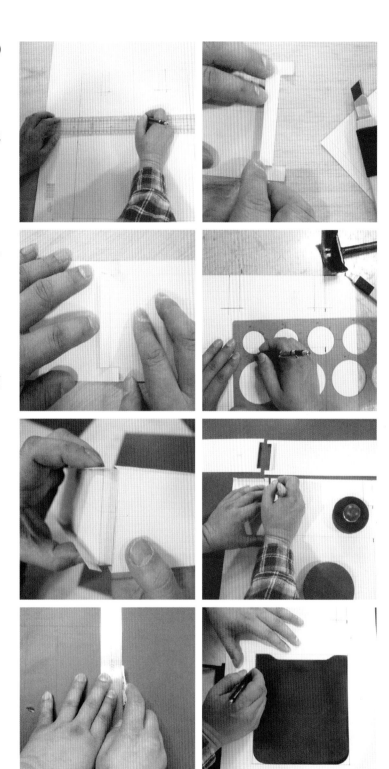

⑨ 沿银笔线裁切皮革后用拐角錾切去棱角部分。

⑩ 使用边线器在口袋皮面的边缘划线。

⑪ 将 1 号纸型放在 1 号皮革上，用锥子描出口袋位置。

⑫ 使用上胶片在贴合处涂抹橡皮胶。

⑬ 将口袋（油性皮革）粘贴在 1 号皮革上的标记位置。

⑭ 由錾子外侧抵住划线中间依次打孔。

⑮ 沿缝孔缝线。

⑯ 缝完最后一个孔后做一次回针。

2. 侧面贴合

① 调整边线器间距为 10mm，在 3 号皮革的折边部分划线。

② 使用削薄刀处理折边的反面，也可用半月刀代替。

③ 使用分离片折叠。

④ 使用削边器修磨除贴合面的其他侧面。

⑤ 然后涂抹褐色的床面处理剂。

⑥ 再用木制修边器打磨光滑。

⑦ 贴合 2、3 号皮革之前用刀背刮磨贴合面。

⑧ 使用上胶片在贴合部分涂抹橡皮胶。

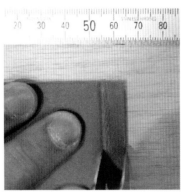

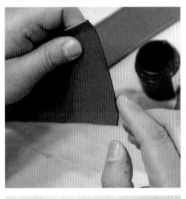

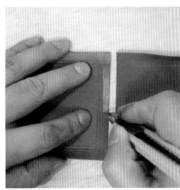

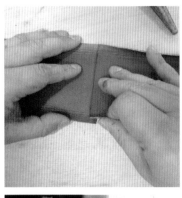

⑨ 晾后贴合。

⑩ 使用边线器在贴合位置划线。

⑪ 沿划线打孔。

⑫ 以起头回针的方式进行缝制。

⑬ 参照纸型折叠皮革。

⑭ 另一边侧面也用相同的方法折叠后，
以底面为基准将左右侧面折成直角。

⑮ 在两边侧面的末端涂抹床面处理剂
并用木制修边器打磨。

3. 包体贴合

① 使用边线器在 1 号皮革的边缘划线。

② 使用刀背刮磨将要涂抹橡皮胶的部分。

③ 使用上胶片涂抹橡皮胶。

④ 在侧面折边部分涂抹橡皮胶。

⑤ 晾后贴合。

⑥ 使用分离片压固贴合处成直角。

⑦ 沿 1 号皮革的划线打孔。

⑧ 缝制距离较长时，可准备与两臂张开等长的缝线。

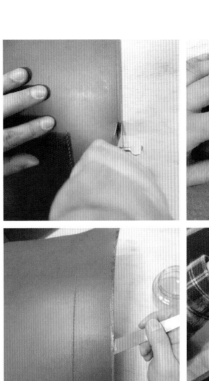

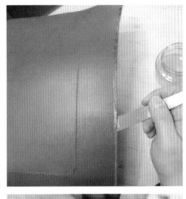
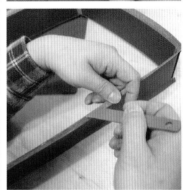

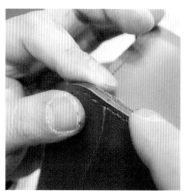

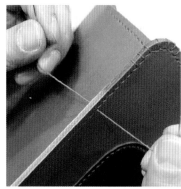

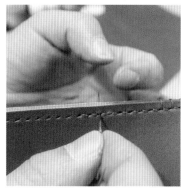
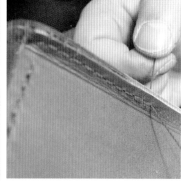

⑨ 在开始缝制的地方涂抹床面处理剂，用木制修边器打磨光滑后做两次拱针，然后以起头回针的方式进行缝制。

⑩ 在拐角处涂抹褐色床面处理剂。

⑪ 再用木制修边器打磨光滑。

⑫ 在拐角处一格一格地做拱针。

⑬ 在缝制过程中出现缝线不足的情况时，将右侧的针引至左侧反面。

⑭ 使用剪刀剪去从反面引出的线。

⑮ 再准备张开双臂长度的线，从刚才针脚后两格开始缝制。

⑯ 如图所示继续进行。

⑰ 缝完最后一个孔后涂抹床面处理剂。

⑱ 使用木质修边器打磨光滑后向外做两次拱针。

⑲ 对面皮革的边缘也用相同的方法涂抹橡皮胶。

⑳ 晾后贴合，注意不要出现错层。

㉑ 借助缓冲板打孔。

㉒ 第一个缝孔处做两次拱针后开始缝制。

㉓ 拐角处做完拱针后继续缝制。

㉔ 缝完最后一个孔后再做两次拱针。

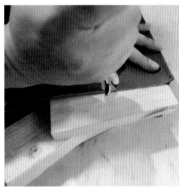

㉕ 使用削边器削磨外侧面。

㉖ 内侧面削磨。

㉗ 使用边线器在包体袋口处划线。
可借助硬木板进行。

㉘ 然后在袋口处涂抹床面处理剂。

㉙ 再用木制修边器打磨光滑。

4. 提手贴合

❶ 参照纸型确定提手位置，每个人适用的提手长度不同。

❷ 将纸型放在皮革上，用锥子标出提手位置。

❸ 使用刀背刮磨提手位置。

❹ 将提手纸型放在整张皮（2.5mm）上面，用锥子描绘原型。

❺ 调整束带裁刀间距为20mm裁切皮革。

❻ 提手末端裁切为直角，长度大约为55cm。

❼ 整理提手末端。

❽ 使用边线器划线。

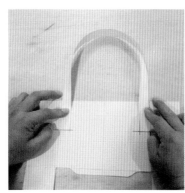

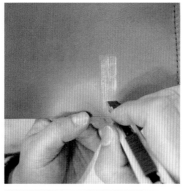

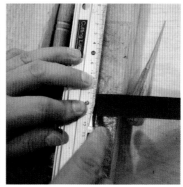
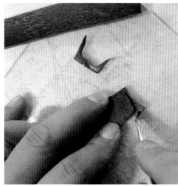
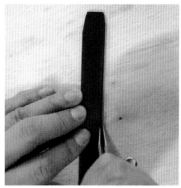

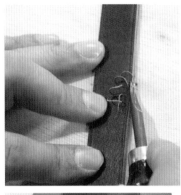

⑨ 使用削边器削磨提手的侧面至圆滑。

⑩ 然后涂抹床面处理剂并用木质修边器
打磨光滑。

⑪ 将提手摆在包包上标出贴合位置。

⑫ 使用刀背刮磨贴合处。

⑬ 在提手贴合处上胶。

⑭ 在包包贴合处上胶。

⑮ 晾后贴合。

⑯ 使用小铁锤或滚轮压牢。

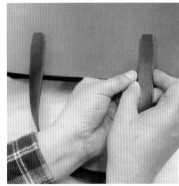

⑰ 将铆钉放在提手纸型上标出安装位置。

⑱ 参照纸型在提手与包包贴合处标出铆钉的位置。

⑲ 使用 2.5mm 圆錾和缓冲板在铆钉位置处打孔。

⑳ 将铆钉放进孔内。

㉑ 使用 10mm 冲纽器和万用环状台安装铆钉。

㉒ 再次用冲纽器压固。

㉓ 以相同的方法在反面贴合提手并安装铆钉。

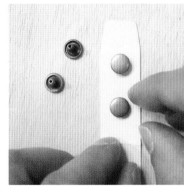
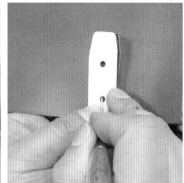

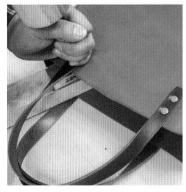

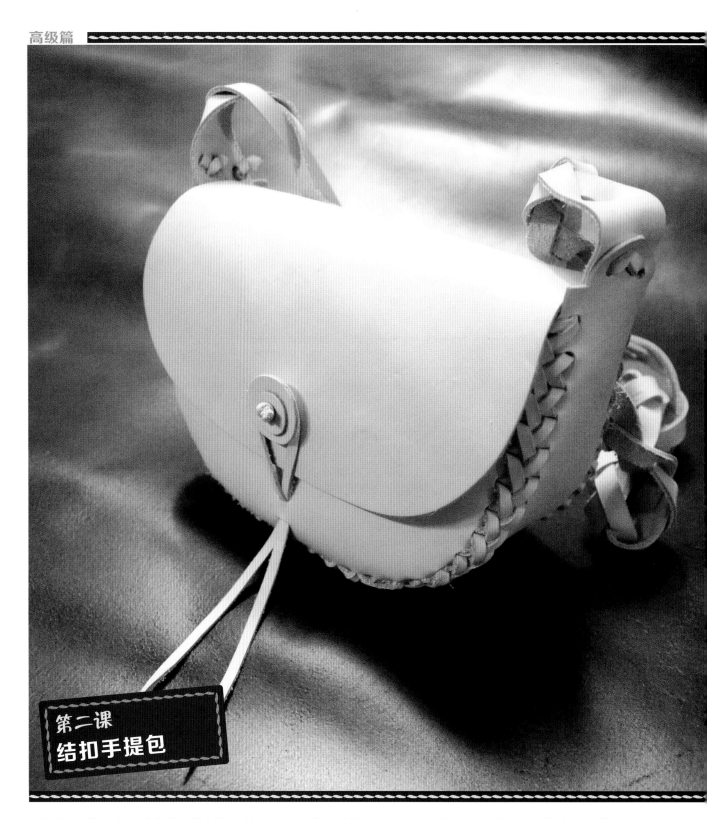

第二课
结扣手提包

材料和工具：牛皮（夫烈区雕刻边皮革，1.4mm）、方格纸、云形尺、圆形尺、直角尺、软直尺、锥子、钢尺、
美工刀、间距规、圆錾（25mm，15mm，4mm）、半圆錾、皮带錾（5mm×2mm）、锤子、
边线器、束带裁刀、钢丝钳

主题：学习用结扣工艺制作手提包。

1. 纸型制作和皮革裁切

① 在方格纸上制作纸型。（参考所附纸型）

② 剪切纸型后在纸型上标出贴合线和锁扣位置。（参考所附纸型）

③ 用锥子在皮革上描绘原型。

④ 沿划线裁切皮革。

⑤ 使用圆錾或半圆錾裁切用作锁扣的圆形皮革。

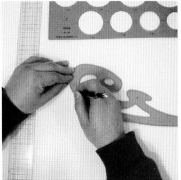
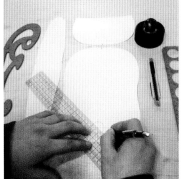

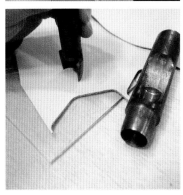

附注：用半圆錾打孔

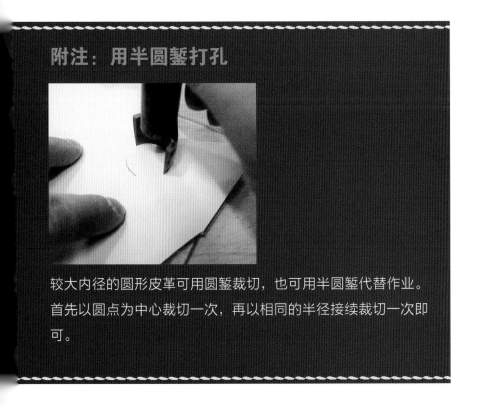

较大内径的圆形皮革可用圆錾裁切，也可用半圆錾代替作业。首先以圆点为中心裁切一次，再以相同的半径接续裁切一次即可。

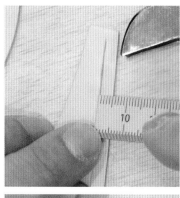

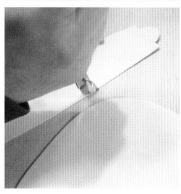
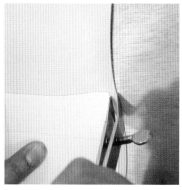

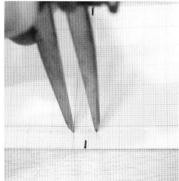

2. 贴合和打孔

1 调整边线器间距为 5mm。

2 然后在 1 号皮革边缘划线。

3 在 3 号皮革边缘划线。

4 借助 1 号纸型在 2 号皮革上标出贴合部分后划线。

5 将 3 号纸型放在 3 号皮革上。

6 以中间的贴合点为基准标出打孔位置（1cm 间距）。

7 使用 4mm 圆錾沿 3 号皮革上标记的点打孔。

8 保持一定间距依次打孔。

⑨ 确认纸型上标记的点的间距与上步打孔间距是否一致。

⑩ 以 1 号纸型中间的贴合点为基准标出与上步相同的间距。

⑪ 3 号皮革的打孔个数与 1 号皮革的个数须一致。

⑫ 使用 4mm 圆錾在 1 号皮革上打孔。

⑬ 将 1 号纸型放在 2 号皮革上，在与正面相同的位置标出起始点。

⑭ 确认标记点是否有遗漏以及打孔个数是否相同。

⑮ 使用 4mm 圆錾在 2 号皮革上打孔。

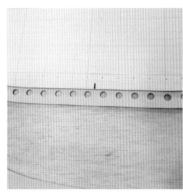
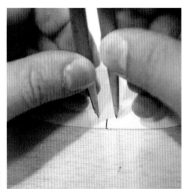

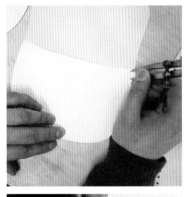
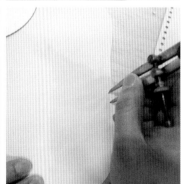

3. 贴合面编织

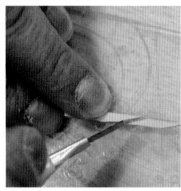 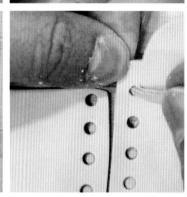

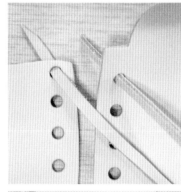 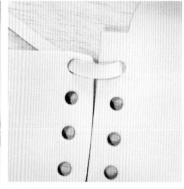

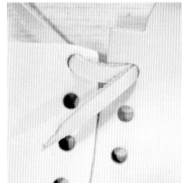 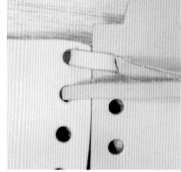

❶ 调整束带裁刀的间距为 5mm。

❷ 裁切 5mm 宽的皮条。

❸ 为了便于编织，将皮条末端切成斜角。

❹ 将手提包侧面放在右边，从第一个孔
开始编织。

❺ 右侧引出外方向的皮条穿过左侧第一
个孔。

❻ 保持松紧一致。

❼ 左侧反面引出的皮条再次回穿右侧第
一个孔。

❽ 右侧第一个孔穿过左侧第二个孔。

❾ 左侧第二个孔引出的皮条回穿左侧第一个孔。

❿ 左侧第一个孔引出的皮条穿过右侧第三个孔。

⓫ 右侧第三个孔引出的皮条穿过右侧第二个孔。

⓬ 右侧第二个孔引出的皮条以相同方法穿过左侧第三个孔。

⓭ 左侧第三个孔引出的皮条以相同方法穿过左侧第二个孔。整个过程须保持松紧一致。

⓮ 左侧第二个孔引出的皮条穿过右侧第四个孔。

⓯ 右侧第四个孔引出的皮条从右侧第三个孔的反面穿过后引至正面。

⓰ 右侧第三个孔引出的皮条再次穿过左侧第四个孔。

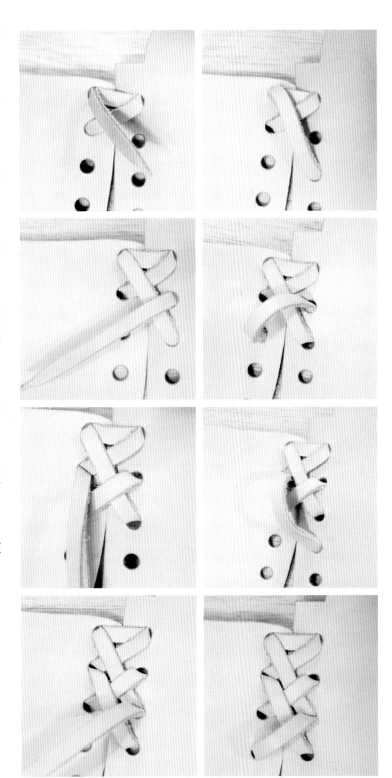

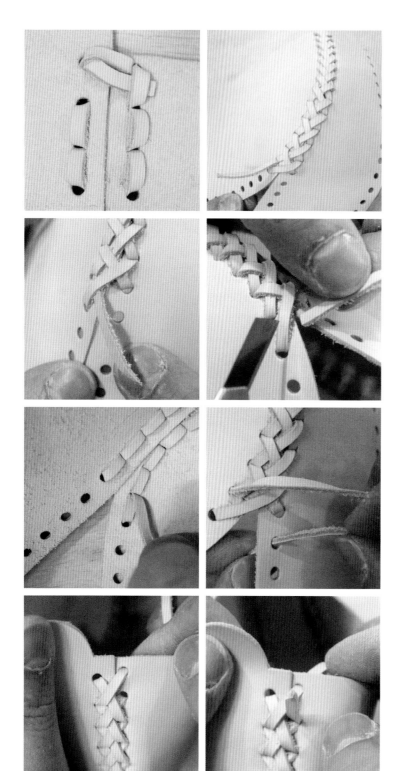

⑰ 图示为内面完成示意图。

⑱ 按照上述方法依次对外面编织，拐角处需稍微拉紧保持一定张力，编织过程若皮条不够可按如下方式继续进行。

⑲ 左侧引出的皮条穿过右侧对应孔。

⑳ 使用美工刀切去剩余皮条。

㉑ 接着切去皮条的地方重新开始编织。

㉒ 保持相同的松紧从正面引出。

㉓ 皮条穿过右侧上端的孔。

㉔ 右侧上端引出的皮条再次回穿右侧第二个孔。

㉕ 右侧第二个孔引出的皮条回穿左侧第
一个孔。

㉖ 左侧第一个孔引出的皮条穿过右侧第
一个孔后再次回穿左侧第一个孔。

㉗ 这样皮条末端就编成横向。

㉘ 左侧第一个孔引出的皮条穿过横向皮
条中间。

㉙ 另一边也用相同的方法编织。

㉚ 最后皮条收尾方式同上。

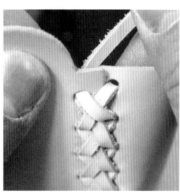
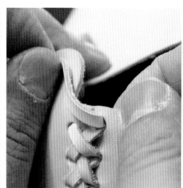
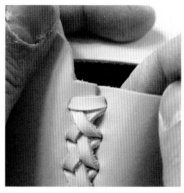
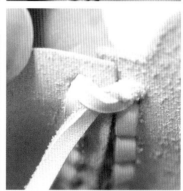
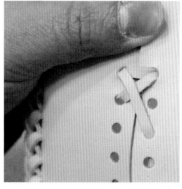

4. 锁扣制作

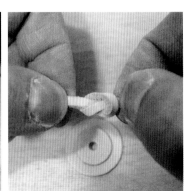

① 使用 4mm 圆錾在 2 个圆形皮革（直径 25mm，15mm）中间打孔。

② 将一根皮条末端打结。

③ 可用钢丝钳加固。

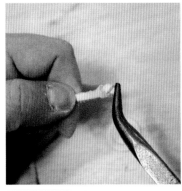
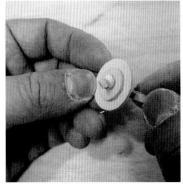

④ 将打结的皮条塞进圆形皮革内制成锁扣。

⑤ 在 2 号纸型的锁扣位置打孔。

⑥ 相应地在 2 号皮革锁扣位置打孔后塞进锁扣，从反面系死。

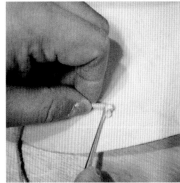

⑦ 估测用在锁扣上的皮条长度和位置。

⑧ 适当拉拽皮条使之松软。

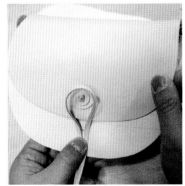
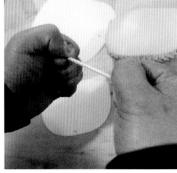

⑨ 将 1 号纸型放在 1 号皮革上标出皮条
　进入的位置。

⑩ 使用皮带錾在标记处打孔。

⑪ 先把皮条塞进第一个孔。

⑫ 再穿过另一个孔。

⑬ 用美工刀将皮条末端切成斜角。

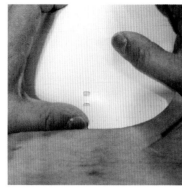
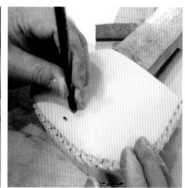

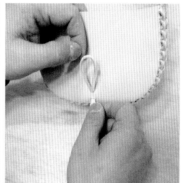
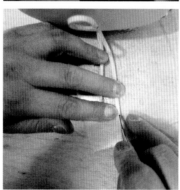

5. 提手制作和安装

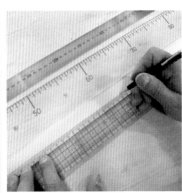
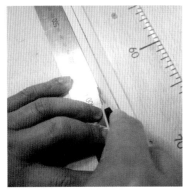
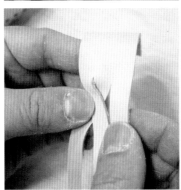
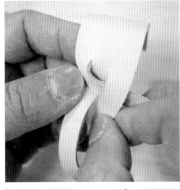

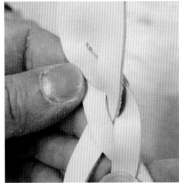
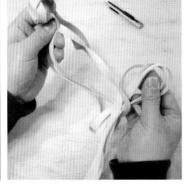

❶ 使用尺子裁切宽 3cm，长 1.1m 的皮条。尺寸可根据使用者需求改变。

❷ 皮条一端留 5cm，以 1cm 间距划 3 等分的两条线。

❸ 使用美工刀沿划线裁切。

❹ 从左到右将 3 等分的皮条依次叫做 1、2、3。将 1 放在 2、3 中间。

❺ 3 放在 1、2 中间。

❻ 2 放在 3、1 中间。

❼ 1 放在 3、2 中间。

❽ 若相互缠在一起，须解开重新编。

⑨ 将编好的皮条末端与手提包侧面对接，目测结合位置。

⑩ 使用 4mm 圆錾在对接处打孔。

⑪ 为了便于编织须打 3 个孔。

⑫ 如图用皮条在 3 个孔之间编织。

⑬ 最后将反面引出的皮条打结收尾。

⑭ 完成示意图。

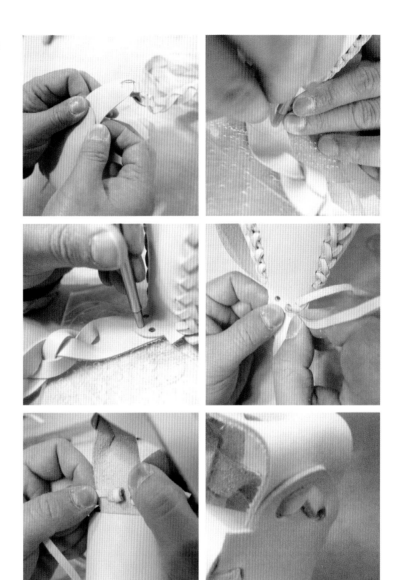

第六章
作品集

迷你钱夹

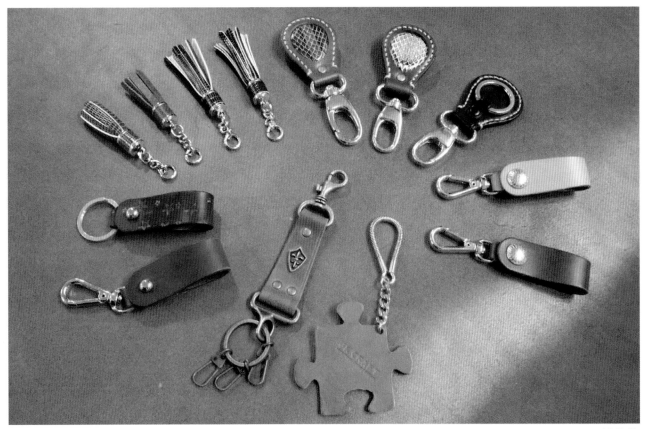

钥匙链

手链

笔托

卡包

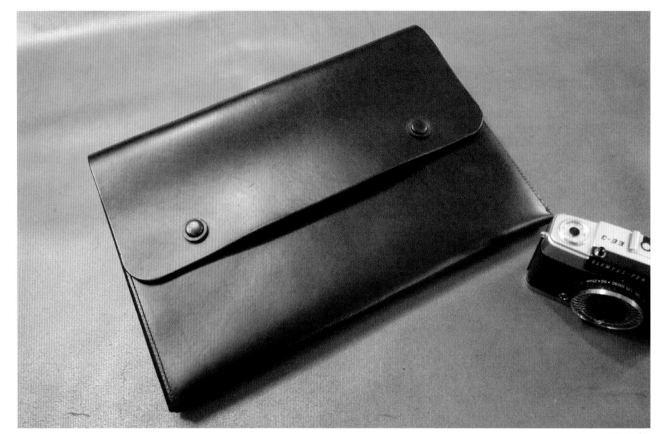

IPAD 包

马蹄形零钱包

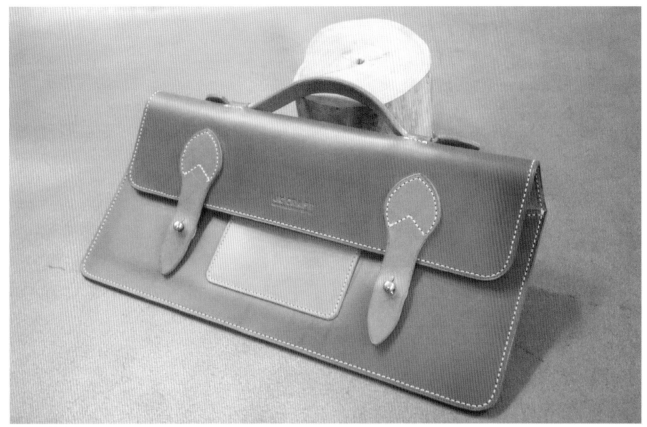

APPLE 键盘包

文件包

拉链包

键盘包

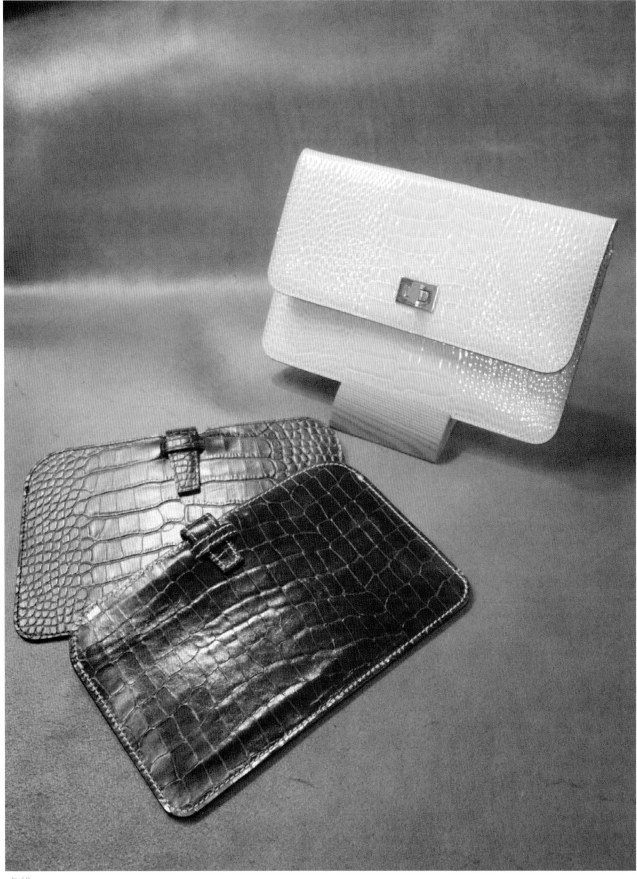

卡袋

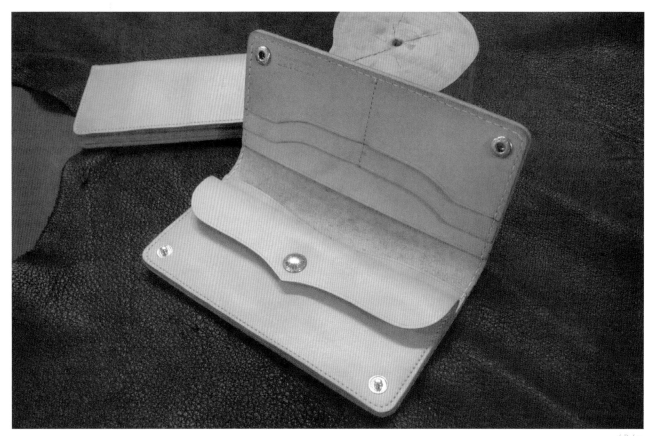

钱包

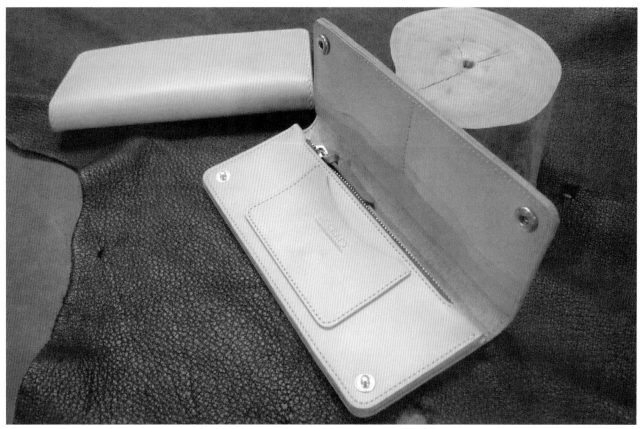

钱包

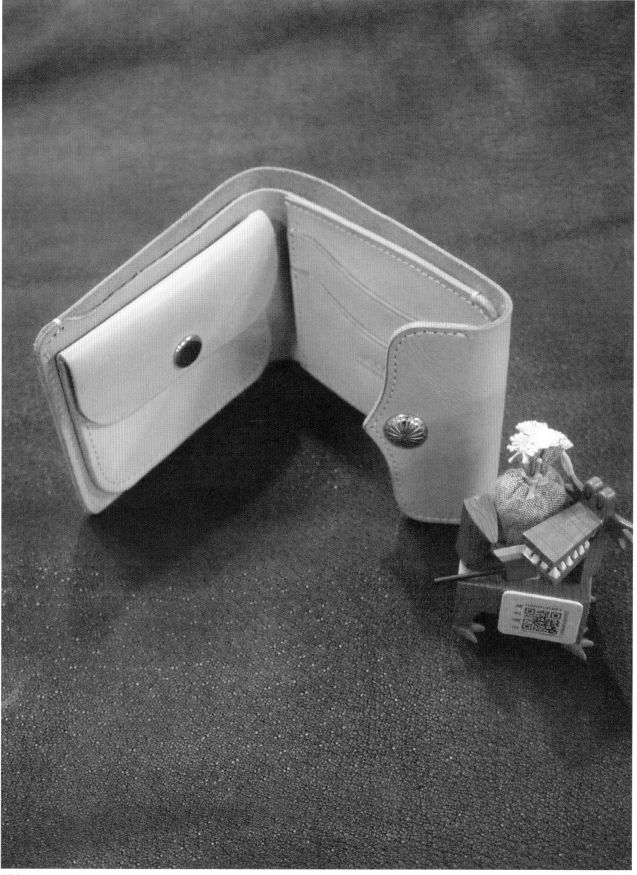

钱包

文件包

文件包

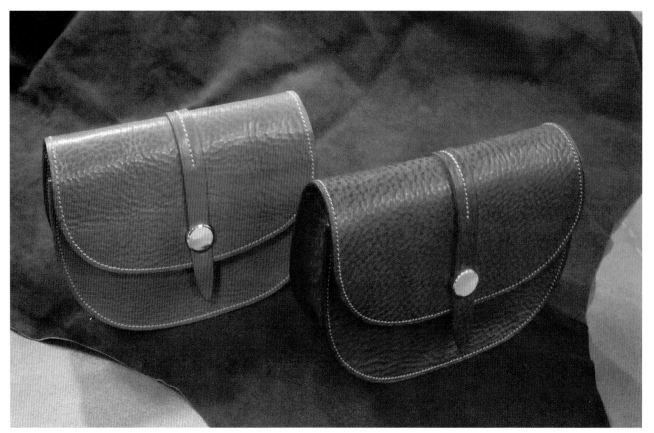

翻扣包

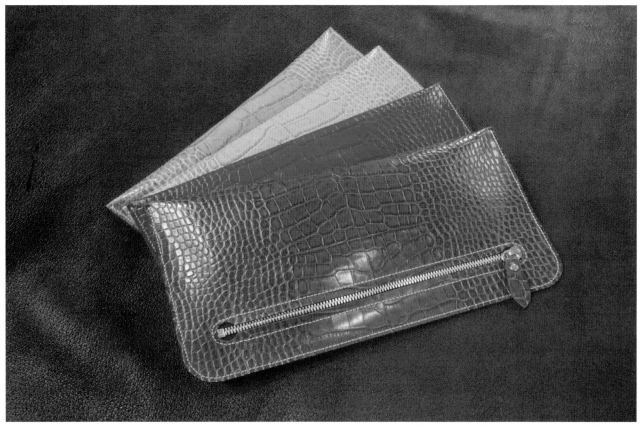

拉链无带包

手提包

挎包

波士顿手提包

背包

染色条纹皮包 & 印花皮包

意大利条纹样板